Dieter B. Herrmann

Faszination Astronomie

Stern-Strichspuraufnahme des Astronomischen Arbeitskreises Pforzheim, durch Taschenlampen mit AAP „signiert“.

AP

Dieter B. Herrmann

Faszination Astronomie

Über die phantastischen Zusammenhänge
von Sonne, Mond und Sternen –
oder zu Besuch in der Milchstraße
und in den Galaxien

Cormoran

Inhalt

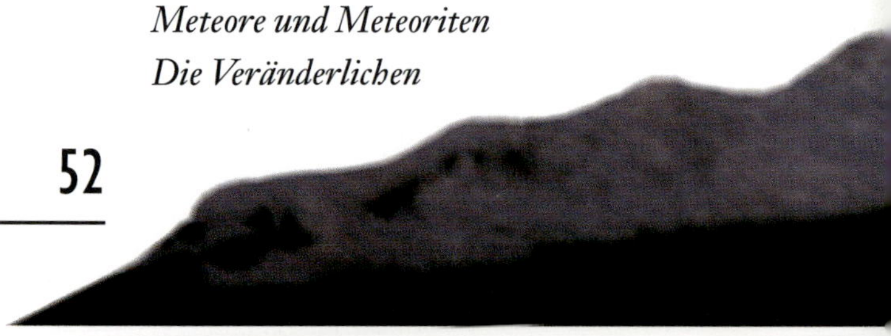

Eine Kuppel des Observatoriums Mauna Kea auf Hawaii.

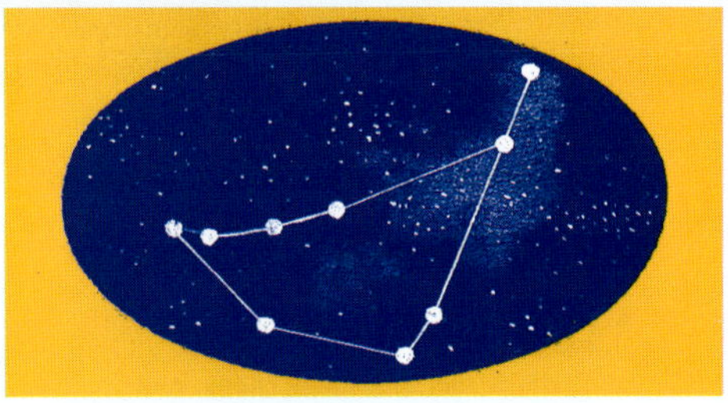

Nach der griechischen Mythologie soll sich der Waldgott Pan in einen Steinbock verwandelt haben, um sich vor dem Riesen Typhon zu verstecken. Das Tierkreisbild Steinbock ist im Spätsommer und Herbst sichtbar.

Eine Nacht am Fernrohr

Draußen vor der Stadt glänzt auf einer Anhöhe ein merkwürdiges Gebäude. Wer sich von Süden her nähert, kann das domartige Metallgewölbe über dem langgestreckten Flachbau nicht übersehen. Aber noch sonderbarer als der Anblick der architektonischen Schöpfung ist die Tatsache, daß dort tagsüber meistens Ruhe herrscht. Wenn sich hingegen der lichterfüllte Tag seinem Ende zuneigt und anderswo die Türen geschlossen werden, beginnt bei schönem Wetter auf dem Berg die Arbeit.

Der Astronomus
Holzschnitt von Jost Amman (1568).

Soeben hält ein Auto, aus dem einige junge Leute steigen; andere sind schon vorher mit Fahrrädern oder zu Fuß gekommen. Der Autobus, der sich gerade die Straße emporquält, entläßt eine weitere Gruppe erwartungsvoller Menschen, die dem Portal des Flachbaus zustreben. Gewöhnlich geht es hier einsamer zu, denn die Arbeit, die in wolkenlosen Nächten verrichtet wird, gedeiht nur in stiller Abgeschiedenheit: Wir befinden uns auf einer Sternwarte. Die üblichen Beobachtungsprogramme fallen heute aus; der Himmel hat ein Sonderprogramm angekündigt: Der natürliche Begleiter unseres Heimatplaneten, der vielbesungene Mond, wird in den Schatten der Erde eintreten. Die Zeitungen haben darüber berichtet und aufgefordert, das Schauspiel zu verfolgen.

Mondfinsternisse...

Mondfinsternisse finden nicht übermäßig selten statt; allein auf das 20. Jahrhundert entfallen 148 solcher Schauspiele, also durchschnittlich drei in zwei Jahren. Doch nicht alle sind total, und außerdem verdirbt die Ungunst der Witterung oft genug die Chance der Beobachtung. Doch heute herrscht prachtvolles Wetter, und deshalb haben sich viele Menschen entschlossen, die Sternwarte zu besuchen.
Der Mond hat soeben die Szenerie des Himmels betreten: Blutrot und scheinbar viel größer als sonst steht er tief am Horizont. Es ist Vollmond. Bis zum Beginn der Finsternis bleibt noch genügend Zeit. Die Besucher begeben sich daher in den Vortragssaal der Sternwarte, um etwas über die Entstehung von Mondfinsternissen und über die Bedeutung dieser Ereignisse in der Vorstellung der alten Völker und für die heutige wissenschaftliche Forschung zu erfahren.

...nur bei Vollmond

Dort wird ihnen erklärt, daß Mondfinsternisse ausschließlich bei Vollmond möglich sind, weil der Mond nur dann, wenn er sich am Himmel genau gegenüber der Sonne befindet, in den Erdschatten eintreten kann. Doch die Vollmondphase genügt nicht, um eine Mondfinsternis entstehen zu lassen; sonst müßten wir jeden Monat eine Finsternis beobachten, und das Verschwinden des Mondes im Schatten der Erde würde zu den gewöhnlichsten Himmelserscheinungen gehören. Meist jedoch bewegt sich der Vollmond oberhalb oder unterhalb des Schattens der Erde entlang, denn seine Bahn am Himmel ist gegen die scheinbare Sonnenbahn geneigt. Nur wenn er als Vollmond in einem Punkt seiner Bahn steht, der in unmittelbarer Nähe der scheinbaren Sonnenbahn liegt, kann er teilweise oder ganz in den Erdschatten gelangen. Dieser Punkt ist einer der Schnittpunkte zwischen der Mond- und der Sonnenbahn. Er heißt Drachenpunkt, weil die Menschen früherer Jahrtausende glaubten, ein böser Drache wolle die milde „Lampe der Nacht" verschlingen.

Mit Foto und Video

In den Kuppeln der Sternwarte bereiten sich inzwischen die Mitglieder der Arbeitsgruppen auf die Beobachtung des Ereignisses vor. Am Ende eines größeren Linsenfernrohrs wird eine Spezialkamera angebracht, um den Eintritt des Mondes in den Erdschatten auf die fotografische Platte bannen zu können. Eine andere Gruppe von „Mondfans" beabsichtigt, das Ereignis auf Video festzuhalten. Sie haben eine Videokamera am Teleskop befestigt und ein Zeitschaltwerk gebaut. Es sorgt dafür, daß jeweils im Abstand von 1 Sekunde ein Bildchen belichtet wird. Bei der Vorführung laufen dann 24 Bilder in der Sekunde über den Bildschirm, und das gesamte Ereignis, das in Wirklichkeit zwei Stunden dauert, schmilzt auf 5 Minuten zusammen. Ein solches Zeitrafferdokument ist äußerst sehenswert und bewahrt den Ablauf des Phänomens für alle Zeiten auf.

An einem Fernrohr wird eine Kleinbildkamera befestigt. Dem jungen Hobbyastronomen kommt es darauf an, die Färbung des verfinsterten Mondes auf den Film zu bannen. Dieser verschwindet nämlich auch bei einer totalen Finsternis keineswegs vollständig, wie die Bezeichnung der Naturerscheinung vermuten lassen könnte. Würde die Erde keine Atmosphäre besitzen, so wäre der verfinsterte Mond tatsächlich nicht mehr zu sehen, da im Inneren des Kernschattens – des Bereichs, in dem die Sonne völlig abgeschattet ist – pechschwarze „Weltraumnacht" herrscht.

Ein Bild wie aus fernen Welten: Sonnenuntergang über dem Pazifik (1/1000 Sekunde belichtet auf Fujichrome RD 100 Diafilm).

Moderne Teleskope werden hoch über dem Meeresspiegel aufgestellt, um sie möglichst viele Stunden im Jahr nutzen zu können. Unser Bild zeigt das aus mehreren Spiegeln bestehende Multi-Mirror-Teleskop des Kitt-Peak-Observatoriums (Arizona, USA).

Das Observatorium der deutschen Max-Planck-Gesellschaft auf dem Calar Alto in Spanien. Hier ist viel häufiger wolkenloses Wetter und außerdem eine bessere Qualität der Luft als in Deutschland. Deshalb lohnt es sich für die Astronomen, in Spanien zu beobachten.

Durch das Luftband unseres Planeten aber gelangen Lichtstrahlen von der Sonne in das Innere des Kernschattengebiets und geben dem Mond eine tiefkupferrote Färbung, die sich je nach seiner Stellung in diesem Gebiet verändert.

Schließlich hat sich noch eine Gruppe junger Leute um eine merkwürdige Vorrichtung geschart, die nichts mit einem Fernrohr gemein hat: Auf einer zwei Meter hohen Stange ist eine von innen versilberte Christbaumkugel befestigt, auf die alle Umstehenden gebannt blicken. Die Kugel dient als Helligkeitsmeßgerät – eine ebenso verblüffende wie einfache Methode, um die abnehmende Helligkeit des Mondes während seiner Wanderung durch den Erdschatten festzustellen.

Am Horizont ziehen ein paar Wölkchen herauf, die bei den Beobachtern Sorgenfalten auslösen: „Hoffentlich stimmt der Wetterbericht, und es bleibt wolkenlos!", raunt eine Dame ihrem Begleiter zu. Aber der Wettergott ist gut gelaunt.

Hi und Ho müssen büßen

Die Besucher im Hörsaal, deren Zahl sich noch vergrößert hat, merken davon natürlich nichts. Sie vernehmen gerade mit Heiterkeit die Geschichte der beiden chinesischen Astronomen Hi und Ho, die vor rund 5000 Jahren ihre Unkenntnis der Wissenschaft mit dem Leben bezahlten. Im Auftrag des Kaisers hatten sie eine Sonnenfinsternis vorhergesagt. Der Kaiser war zum Zeitpunkt des Ereignisses auf die Spitze eines hohen Tempels gestiegen und hatte der Sonne vor aller Ohren den Befehl erteilt, sich zu verdunkeln. Damit beabsichtigte er, seinen Untertanen eindrucksvoll zu demonstrieren, daß sogar die Himmelskörper seinen Befehlen gehorchten. Einem solchen Kaiser konnte man sich nicht gut widersetzen. Doch selbst nachdem er den Befehl zum sechstenmal wiederholt hatte, strahlte die Sonne unbeeindruckt vom Himmel herab. Die beiden „Verantwortlichen" wurden zum Tode verurteilt. Sie wußten in Wahrheit gar nicht, wie man eine Finsternis im voraus berechnet. Das mußte vielmehr ein kluger Gelehrter für sie tun, den sie auf hinterhältige Weise in ihre Gefangenschaft gebracht hatten. Er rächte sich mit einer unzutreffenden Prognose. Ob die Geschichte sich nun tatsächlich so zugetragen hat oder nicht, sie zeigt doch recht eindrucksvoll, wie manche Herrscher in alten Zeiten wissenschaftliche Kenntnisse und den Aberglauben der unwissenden Massen dazu benutzten, ihre Macht aufrechtzuerhalten. Die eigentliche Ursache für das Entstehen einer Finsternis wurde erst später erkannt, nachdem man viele solcher Naturerscheinungen beobachtet und ihre periodische Wiederkehr festgestellt hatte.

Der Mond – Star des Abends

Der Himmel ist völlig wolkenlos. Dort steht der hellstrahlende Jupiter. Nicht weit von ihm der Mars. Doch diesem Planeten gilt heute wenig Aufmerksamkeit. Die Blicke aller Gäste heften sich an die inzwischen hoch über dem Horizont schwebende Mondkugel. Drei kleine Fernrohre sind parallel auf den „Star des Abends" gerichtet. In der Kuppel steht außerdem ein größeres Instrument bereit. An den übrigen Geräten herrscht emsige Betriebsamkeit; denn die Finsternis hat bereits begonnen. Doch davon kann man mit dem bloßen Auge noch nichts bemerken. Der Mond, so hören die Besucher, ist in den Halbschatten der Erde eingetreten. Der dadurch hervorgerufene Verfinsterungseffekt ist so gering, daß er dem ohne Hilfsmittel arbeitenden Beobachter verborgen bleibt. Aber nur noch wenige Minuten trennen den Erdbegleiter jetzt vom Kernschattengebiet. Man drängt sich um die aufgestellten Teleskope. Und nun ist es soweit: Die ersten Zuschauer nehmen die verfinsternde Wirkung des Erdschattens wahr.

Während sich unter ihnen eine leichte Unruhe bemerkbar macht, bleibt es in den Kuppeln bei den Hobbyforschern still. Sie arbeiten konzentriert. Besonders die Videofans müssen sich sehr anstrengen, um den rasch weiterlaufenden Mond stets an derselben Stelle der Bildebene ihrer Apparatur zu halten; denn die automatische Nachführung des Fernrohrs, deren leises Ticken bis nach draußen hörbar ist, gleicht nur die Erddrehung aus, berücksichtigt aber nicht die zusätzliche rasche Bewegung des Mondes. So muß zusätzlich „per Hand" nachgeführt werden, was höchste Aufmerksamkeit erfordert.

Die Erde – eine Kugel

Immer tiefer rückt der vertraute Himmelskörper in den Kernschatten der Erde hinein. Deutlich ist der kreisförmige Ausschnitt des Schattens zu erkennen. Vor Jahrtausenden hatte diese einfache Beobachtung einmal grundlegende Bedeutung: Aus dem kreisförmigen Aussehen der Licht-Schatten-Front auf dem Mond schlossen die Gelehrten, daß die Erde eine Kugel sein müsse. Nur eine Kugel – so argumentierten sie – kann in jeder beliebigen Lage stets einen kreisrunden Schatten werfen.

Viele der Gäste äußern ihr Erstaunen darüber, daß der Schatten keine gestochen

Für Sonnenbeobachtungen werden in aller Welt Spezialteleskope verwendet. Das Bild zeigt das Sonnenteleskop des Kitt-Peak-Observatoriums.

Unser Heimatplanet, aus dem Weltall gesehen.

Die Maya waren hervorragende Himmelsbeobachter. In Dresden befindet sich eines der berühmtesten handschriftlichen Zeugnisse ihrer Beobachtungskunst, der reich geschmückte „Codex Dresdensis“. Die Abbildung zeigt eine Venustafel mit Angaben der Auf- und Untergänge des Planeten (12. oder 13. Jh.).

scharfe Grenze aufweist. Doch auch diese Erscheinung findet eine einfache Erklärung, wenn man an die Erdatmosphäre denkt, durch die das Licht der Sonne zum Teil ins Innere des Kernschattens gelangt. Hierdurch wird eine scharfe Begrenzung des Schattens vermieden. Gute Beobachter an Fernrohren haben aus dem Studium des Übergangsgebiets vom beleuchteten Mond zu dem schon im Schatten stehenden Teil bemerkenswerte Erkenntnisse ableiten können. Geradezu berühmt wurde ein grüner Farbsaum an der Schattengrenze, der von einer Ozonschicht in der Erdatmosphäre herrührt.

Unterdessen ist die Mondscheibe fast vollständig in das Kernschattengebiet der Erde hineingewandert. Mit Spannung erwarten jetzt alle den Eintritt der Totalität. Nun ist es soweit. Der Mond schwebt als tiefkupferrote Scheibe hoch am Firmament. Ein fast gespenstischer Anblick. Man kann sich gut vorstellen, daß dieses Schauspiel zu früheren Zeiten bange Befürchtungen auslöste: Die schwarze Katze hatte ihre Riesenpfote auf die Leuchte der Nacht gelegt. Nur von Lärm begleitete Tänze vermochten sie aufzuscheuchen. Und tatsächlich: Nach geraumer Weile des mit zahlreichen Musikinstrumenten ausgeführten Höllenlärms gab die Katzenpfote den Mond Zug um Zug wieder frei.

Die Farbfotoexperten haben inzwischen die Belichtungszeit an ihren Kameras verlängert, denn die Helligkeit des total verfinsterten Mondes ist beträchtlich geringer als zuvor. Deshalb gehört auch immer ein wenig Glück dazu, die wirklich treffende Belichtungszeit zu wählen. Probieren kann man das vorher leider nicht.

Vor allem sollen die Bilder die charakteristische Färbung des Kernschattens wiedergeben, die von Finsternis zu Finsternis verschieden ausfällt, je nach den atmosphärischen Bedingungen in der Dämmerungszone der Erde zur Zeit des Himmelsereignisses.

Nur knapp dreißig Minuten

Bewegt sich der Mond durch das Zentrum des Erdschattens, so hat man die größtmögliche Dauer der Verfinsterung zu erwarten. Sie beträgt dann insgesamt rund 3 1/2 Stunden, wobei der Aufenthalt des Mondes im Kernschatten der Erde 100 Minuten währt. Ein solcher Fall liegt aber heute nicht vor. Die Astronomen haben ausgerechnet, daß die Totalität nur knapp 30 Minuten dauern wird. Der Mond durchquert den südlichen Teil des Erdschattens. Schon mit dem bloßen Auge kann man erkennen, daß die Mondoberfläche ungleichmäßig verdunkelt ist. Ihre dem Zentrum des Schattens näheren Teile erscheinen deutlich dunkler als die am Schattenrand.

Die Mitarbeiter der Sternwarte nutzen die Zeit der Totalität, um ein Lichtbild an eine im Freien aufgestellte Leinwand zu projizieren, das die Aufmerksamkeit auf sich zieht: Inmitten einer zerklüfteten, gespenstisch anmutenden Berglandschaft sieht man ein achträdriges technisches Gerät, das einige Eingeweihte sofort als das sowjetische Mondauto „Lunochod“ identifizieren, dessen Bilder vor Jahrzehnten durch die Tagespresse gingen. Am schwarzen Himmel, der sich über der bizarren Bergwelt wölbt, hebt sich eine große dunkle Scheibe vom Hintergrund ab, die ein farbiger Lichtsaum umgibt. Einige Gäste finden schnell die richtige Erklärung· Dies ist eine Szene auf der Oberfläche des Mondes, wo die Russen 1970 und noch einmal 1973 ein automatisches Mondauto abgesetzt hatten.

Sonnenfinsternis auf dem Mond

Auch die umkränzte Scheibe am Himmel des Mondes wird enträtselt: Es handelt sich um die Erde, und der farbige Saum rührt vom Licht der Sonne, die sich hinter der Erde verborgen hält. Mit anderen Worten:

Phase der Sonnenfinsternis vom 11.7.1991, aufgenommen in La Paz/Bolivien (1/500 Sekunden mit Filter auf Kodak Ektar 125 Negativfilm).

Das Bild zeigt eine Sonnenfinsternis auf dem Mond – ein Ereignis, bei dem die Erde die Lichtquelle des Sonnensystems abdeckt. Ein auf dem Mond stehender Beobachter erlebt eine solche von der Erde hervorgerufene Sonnenfinsternis gerade dann, wenn sich für den irdischen Beobachter eine totale Mondfinsternis ereignet. Freilich hat noch nie ein Mensch ein solches Schauspiel gesehen, aber das Mondmobil „Lunochod I" war während der totalen Mondfinsternisse vom 10. Februar und vom 6. August 1971 auf dem Erdtrabanten voll funktionstüchtig und wurde so zum leblosen Zeugen einer ungewöhnlichen Erscheinung.

Das Bild hat den Besuchern der Sternwarte Gesprächsstoff geliefert und neue Fragen auftauchen lassen. Doch für lange Diskussionen bleibt keine Zeit. Unterdessen bewegt sich der Erdtrabant zügig auf die Grenze des Kernschattens zu, was bereits an einer deutlichen Aufhellung des östlichen Mondrandes zu erkennen ist. Die letzte Phase des Ereignisses beginnt: Die ersten Sonnenstrahlen tauchen die Gebirgswelt des Mondes wieder in ihr strahlendes Gelb.

Ein Stern schaltet ab

Doch den Schaulustigen wird noch ein weiterer optischer Leckerbissen angekündigt: Kurz vor dem Ende der Finsternis soll der östliche Rand des Mondes einen hellen Stern bedecken. Solche Ereignisse werden nicht allein bis zum heutigen Tag für wissenschaftliche Zwecke beobachtet, sie stellen auch ein interessantes Himmelsereignis dar. Da der Mond keine Atmosphäre besitzt, schwächt sich die Helligkeit des betreffenden Sterns nicht allmählich ab. Er verschwindet vielmehr schlagartig, als wenn man eine Lampe ausschaltet.

Unaufhörlich entrückt der Mond dem Erdschatten und nähert sich jenem Stern, welcher noch heute abend für einige Zeit unsichtbar werden soll. In einer der Kuppeln wird umgerüstet. Der Erdtrabant hat sein blendendhelles Vollmondlicht zurück. Die letzten Phasenaufnahmen sind abgeschlossen. Ein junger Sternenfreund wechselt die Beobachtungsgläser aus und nimmt am Ende des Fernrohrs Platz. Im Gesichtsfeld des Teleskops befindet sich bereits in einigem Abstand vom Mondrand der Kandidat, dem jetzt alle Aufmerksamkeit gilt.

Draußen frösteln die Gäste. Es ist inzwischen fast Mitternacht, und ein weißer Nebelschleier hat sich zu Füßen des Sternwartenbergs ausgebreitet. Doch bis zur Bedeckung des hellen Sterns verbleiben nur noch wenige Minuten, und niemand will auf diese „Zugabe" zur Mondfinsternis verzichten. Und plötzlich ist der Stern hinter dem Mondrand verschwunden. Einer der Besucher reibt sich ungläubig die Augen. Aber der Lichtpunkt bleibt unsichtbar – wer nicht genau aufgepaßt hat, dem ist das Entscheidende entgangen.

Phase der Mondfinsternis vom 9.2.1990 (8 Sekunden auf Kodak Ektachrome 100).

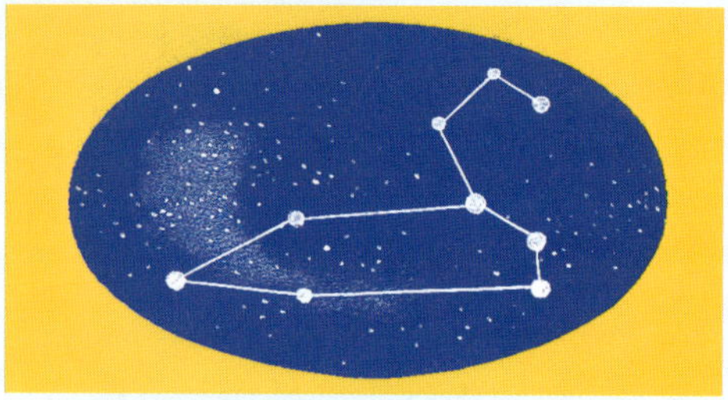

Der griechischen Sage nach ist es der Löwe, der von Herkules besiegt wurde. Das große, markante Tierkreisbild Löwe ist vor allem im Frühjahr abends zu beobachten. Auffällig ist sein heller Stern Regulus mit 100facher Sonnenleuchtkraft.

Wanderkarten des Himmels

Weißt du, wieviel Sternlein stehen? Jedenfalls genug, um den Uneingeweihten zu verwirren. Immer wieder ist der Laie beeindruckt, wenn ihm ein Sternkundiger erklärt: Dort in den Zwillingen steht der Mars, im Stier strahlt der Jupiter, und im Löwen hat Saturn Position bezogen. Woran kann man denn erkennen, daß dies die Zwillinge sind? Und wie läßt sich Jupiter von Saturn unterscheiden, wenn man ohne Fernrohr zum Himmel blickt?

Jeder Sternfreund, der den Erscheinungen am Firmament seine Aufmerksamkeit zuwenden möchte, muß zuerst das Abc der Orientierung lernen, sonst bleibt der gestirnte Himmel für ihn ein Gewimmel von Lichtpünktchen, an dem er sich zwar erfreuen, aber in dem er sich nicht zurechtfinden kann. Was nützt die Mitteilung, im Sternbild Wassermann sei ein Komet entdeckt worden, den man schon im Feldstecher sehen könne, wenn „Wassermann" eine nichtssagende Hieroglyphe ist?

Vor vielen Jahrtausenden stellte für die Menschen alles, was sie am Himmel sahen, ein tiefes Geheimnis dar. Sie wußten weder, was die Sterne sind, noch konnten sie die anderen Naturerscheinungen erklären. Damals hatte die Orientierung am Himmel grundlegende Bedeutung. Ohne sie vermochte sich keine Astronomie zu entwickeln. In dieser Zeit wurden die Sternbilder eingeführt, die nichts anderes sind als

Special

Galileo Galilei (1564-1642) war einer der bedeutendsten Naturforscher der Renaissance.
In der Geschichte der Astronomie erwarb er sich einen bleibenden Platz durch die Entdeckungen, die ihm binnen weniger Wochen mit dem kurz zuvor erfundenen Fernrohr gelangen:
er sah als erster die Gebirge des Mondes, die Phasen der Venus, die Monde des Jupiter und sogar Andeutungen des Saturnringes.

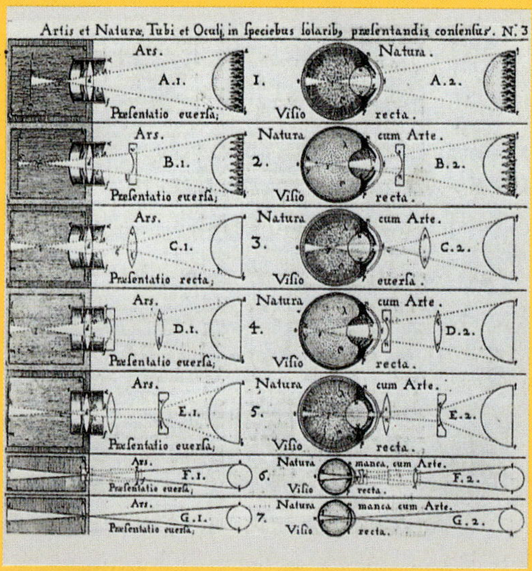

Galileo Galiei und sein Vergleich des Strahlenganges im menschlichen Auge und im Fernrohr (1630).

eine Einteilung des Himmels in überschaubare und wiedererkennbare Einheiten, „Wanderkarten" des Himmels, für den optischen Spaziergänger ebenso wie für den Sternforscher.
In dem ältesten uns direkt überlieferten „Sternguckerbuch", dem „Almagest" des Claudius Ptolemäus (nach 83 – nach 161), finden wir das erste Inventurverzeichnis des nördlichen und des südlichen Sternhimmels (siehe Bibliographie). Die einzelnen Sterne sind insgesamt 48 verschiedenen Bildern zugeordnet. Die Anzahl der Sterne beträgt 1022.

Orientierung am Sternhimmel

Daß die Bilder zur Orientierung am Himmel und zum Wiedererkennen von Objekten dienen, ersehen wir aus der Lagebeschreibung der einzelnen Sterne in diesem alten Katalog: In dem bekannten Sternbild Großer Bär werden zum Beispiel 27 verschiedene Sterne angeführt. Damit der Benutzer des Katalogs genau weiß, welcher Stern jeweils gemeint ist, schreibt der Autor unter der Nr. 1: „Der am Ende der Schnauze", unter der Nummer 22: „Der an der linken Kniekehle". Man benötigt also eine bildliche Darstellung, um die einzelnen Objekte identifizieren und damit am Himmel wiedererkennen zu können. Daß hierin die eigentliche Bedeutung der Sternbilder zu suchen ist, verraten auch die weiteren Beschreibungen in dem berühmten Buch des Ptolemäus. Die Lage der Milchstraße, des zartschimmernden Lichtbands, das sich um den gesamten Himmel schlingt, kennzeichnet Ptolemäus durch Bezugnahme auf die verschiedenen Sternbilder. So heißt es beispielsweise von den „Zusammenschlußstellen" der Milchstraße, daß sich „die eine beim Räucheraltar, die andere bei dem Schwan" befindet und die südlichsten Teile des Milchstraßengürtels „durch die Füße des Zentauren" verlaufen.

Phainomena und Diosemeia

Wer hat die flimmernden Bilder aus Lichtpünktchen erfunden? Diese Frage läßt sich nicht durch die Nennung eines Namens beantworten. Die Schöpfer der Sternbilder sind größtenteils anonym. Hingegen können wir uns recht gut in die Gedankenwelt der Erfinder dieser Markierungshilfen hineinversetzen, wenn wir die Bezeichnungen der uns überlieferten Bilder mit den Gestalten der alten Sagen und Mythen in Verbindung bringen, denen sie entlehnt sind. Eine der berühmtesten Dichtungen, in denen die ältesten Sternbilder des Himmels besungen wurden, stammt aus dem Jahre 270 v. Chr. Es sind die „Phainomena und Diosemeia", die „Himmelserscheinungen und Wetterzeichen" des hellenistischen Autors Aratos (um 310 – um 245 v. Chr.).

Thales von Milet?

Der Dichter glaubte zweifellos, daß alle Sternbilder griechischen Ursprungs seien, meinte wohl auch – wie andere ebenfalls –, daß Thales von Milet (um 624 – 546 v. Chr.) die Sterne geordnet habe. Dies ist aber schon deswegen unwahrscheinlich, weil die Astronomie bereits bei den Babyloniern einen hohen Entwicklungsstand besaß, was ohne die Existenz von „Wanderkarten" des Himmels nicht möglich gewesen wäre. Tatsächlich hat die historische Forschung inzwischen nachgewiesen, daß ein großer Teil der Bilder des griechischen Himmels bereits von den Vorvätern übernommen und nur geringfügig abgewandelt

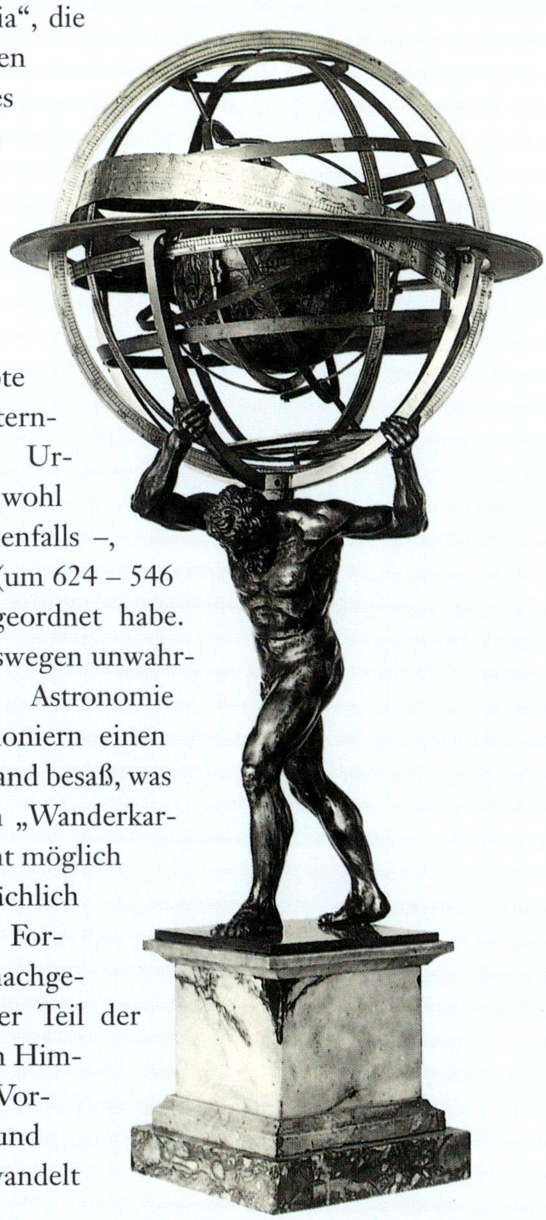

Atlas trägt die Weltkugel, die hier als Armillarsphäre mit den wichtigsten Kreisen der astronomischen Koordinatensysteme ausgestaltet ist (1705).

wurde. Die Griechen fügten weitere Bilder hinzu, und so entstand der klassische Sternbilderhimmel. Alle diese Bilder sind mit Geschichten verbunden, die entweder ohnehin schon existierten oder zum Schmuck bereits vorhandener Bilder später erfunden wurden.

Die Siege des Menschen in der Auseinandersetzung mit der Natur ergeben dabei das wichtigste Motiv, das sowohl den Sagen als auch den Bildern ihre kulturgeschichtliche Bedeutung verleiht. In den alten Bildern finden wir nämlich meist Tiere oder Fabelwesen in unmittelbarer Nachbarschaft zu menschlichen Gestalten, die oft als Helden auftreten. Orion, der Jäger aus der griechischen Sage, setzt seinen Fuß auf den Hasen, der Fuhrmann trägt das Zicklein usw.

Wer allerdings von den Sternbildern große Anschaulichkeit erwartet, wird enttäuscht sein. Fast nie läßt sich ohne weiteres die Gestalt ablesen, die der Figur den Namen gab. Dies ist nicht verwunderlich; denn die Verteilung der Sterne am Himmel hat mit der unmittelbaren Erfahrungswelt des Menschen nichts zu tun. Die Bilder konnten also nur „hineinkonstruiert" werden. Die Mehrzahl der Gruppierungen sind sogenannte Konturensternbilder. Dabei denkt man sich einzelne Sterne durch Linien miteinander verbunden und erhält dann die Umrisse der jeweiligen Figur.

Nicht alle Sternbilder, die wir kennen und benutzen, stammen aus der Antike. Die Hälfte der heute gebräuchlichen Sternbilder ist späteren Datums. So wurden die Figuren des südlichen Himmels zumeist von den Seefahrern benannt, die sie bei ihren Kreuzfahrten durch die Gewässer der Südhalbkugel zur Orientierung benötigten. Deshalb entstammen zahlreiche Sternbildnamen des Südhimmels dem Wortschatz der Seefahrer oder wurzeln in ihren Begegnungen mit der Tierwelt südlicher Länder. Beispiele hierfür sind die Sternbilder der Sextant, Schiffskompaß, Segel oder Schwertfisch und Paradiesvogel.

Kuriose Geschichten

Kuriose Geschichten ranken sich auch um die Entstehung der nichtklassischen Bilder des Nordhimmels. Die meisten neueren Sternbilder stammen aus dem 17. bis 19. Jahrhundert. Anfangs waren die Sternforscher bestrebt, ihre Geldgeber zu erfreuen, indem sie ihnen ein Sternbild widmeten, das eigens erfunden wurde. Galileo Galilei (1564 – 1642), der große italienische

Ausschnitt des Sternhimmels um das Sternbild Cassiopeia mit gestrichelten Sternbildgrenzen.

Naturforscher, nannte die von ihm entdeckten vier Jupitermonde die „Mediceischen Gestirne“ zu Ehren des Großherzogs Cosimo II. von Toskana (1590 – 1621) aus dem Hause der Medici. Die Schaffung neuer Sternbilder verkam bald zu einer Unsitte, die vielleicht dem Ansehen der Astronomen bei ihren Mäzenen, aber keineswegs dem Ansehen der Astronomie zugute kam. Die Eitelkeiten arteten ins Groteske aus: Der englische königliche Astronom Edmond Halley (1656 – 1742) verewigte das „Herz Karls II.“ (1630 – 1685), der Danziger Ratsherr und Astronom Johann Hevelius (1611 – 1687) schuf den „Sobieskischen Schild“ zu Ehren des polnischen Königs Johann III. Sobieski (1624 – 1696). Der Direktor der Berliner Sternwarte, Johann Elert Bode (1747 – 1826), setzte in seinen kleinen Sternbilderatlas von 1782 die „Friedrichsehre“, um dem Preußenkönig Friedrich II. (1712 – 1786) zu huldigen. Auch das „Brandenburgische Zepter“ war eine Schöpfung Bodes.

Erntehüter gegen Friedrichsehre

Daß diese Betriebsamkeit mancher Astronomen letztlich viel Kritik hervorrief, ist verständlich. Der Himmel wurde dadurch einerseits immer unübersichtlicher, zum anderen erschienen auf den Sternkarten in verschiedenen Ländern Bilder, die international nicht anerkannt waren. Infolgedessen mußte es zu Verständigungsschwierigkeiten unter den Fachleuten kommen. Es mutet uns heute geradezu lächerlich an, daß der Astronom Joseph Jérôme Lalande (1732 – 1807) aus Paris, der das Sternbild „Erntehüter“ eingeführt hatte, seinem Kollegen Bode in Berlin ernsthaft die Aufnahme der „Friedrichsehre“ in die französischen Sternkarten versprach, falls Bode bereit wäre, den „Erntehüter“ zu akzeptieren. Dieses gegenseitige Abkommen war um so ärgerlicher, als deshalb die klassische Figur der antiken Königstochter Andromeda ihren Arm von der Stelle entfernen mußte, wo er seit Jahrtausenden geruht hatte.

Eine der größten Gas- und Staubansammlungen unseres Sternsystems ist der Orionnebel (M42) im Wintersternbild Orion. Der Nebel ist bereits mit dem bloßen Auge zu erkennen, entfaltet aber seine volle Pracht erst vor den künstlichen Augen großer Teleskope und Astrokameras (60 Minuten belichtet auf Agfachrome 1000 RS Diafilm).

Geschmacksverirrungen

Der Protest gegen die Verschandelung des Himmels mit solchen Bildern wie „Chemischer Ofen“, „Luftpumpe“ und anderen, die ebenfalls vorgeschlagen wurden, setzte bald ein. Der deutsche Astronom Wilhelm Olbers (1758 – 1840) nannte die Erfindung neuer Sternbilder eine Eitelkeit, durch die so unpassende Schöpfungen entstanden, daß man die Himmelskarten nicht ohne Widerwillen betrachten könne. „Ich berufe mich auf das Urtheil eines jeden“, schrieb Olbers, „der eine gute ältere Abbildung des Himmels und seiner Gestirne mit den neuern Sternkarten vergleicht, ob ihm nicht in den letztern die Ueberfüllung und die ganz unschickliche Vermischung so durchaus heterogener, gar nicht zu einander passender Sternbilder, höchst unangenehm auffällt. Da nun durch diese übermäßige Menge von Sternbildern gar nichts gewonnen, die Astrognosie (Kenntnis der Sterne und Sternbilder, deren gegenseitige Lage und Benennung) erschwert und der Geschmack beleidigt wird, so möchte ich die Astronomen dringend auffordern, den Sternhimmel wieder von dieser unnützen und mißzierenden Ueberladung zu befreien, und alle Sternbilder auszumerzen und abzuschaffen, die man seit Hevels und Flamsteeds Zeiten eingeführt oder einzuführen versucht hat."

„Preußische Interessen"

Bedauerlicherweise ist man diesem klugen Ratschlag erst viel später gefolgt und auch das nur gegen zahlreiche Widerstände. Im Jahr 1875 nahm zum Beispiel der ansonsten wenig bekannte W. Pitschner in eine von ihm herausgegebene Sternkarte das allgemein bereits geächtete Sternbild „Brandenburgisches Zepter" wieder auf und beschwerte sich in einer Eingabe bei Kaiser Wilhelm I. (1797 – 1888) über die Astronomen der Berliner Sternwarte, die er „der Vernachlässigung der preußischen Interessen am Sternhimmel beschuldigte". Es bedurfte der ganzen diplomatischen Kunst des damaligen Direktors der Sternwarte, Wilhelm Foerster (1832 – 1921), um den Kaiser von der Unhaltbarkeit der Beschuldigung zu überzeugen. Erst in unserem Jahrhundert, in den Jahren 1925 und 1928, erfolgte durch Beschluß der Internationalen Astronomischen Union (IAU) eine endgültige Übereinkunft über die Einteilung des Himmels in Sternbilder. Nach dieser international gültigen Festlegung wurde jedem der insgesamt 88 Sternbilder des nördlichen und südlichen Himmels ein genau bestimmtes Gebiet zugewiesen. Die Schaffung weiterer Sternbilder ist dadurch ausgeschlossen.

Das Riesenteleskop von Friedrich Wilhelm Herschel in England, Ende des 18. und bis zur Mitte des 19. Jh. das größte Spiegelfernrohr der Erde (1798).

Adressen der Sterne

In der Sternwarte ist ein Telegramm eingetroffen. Verschlüsselt. Es wurde von einer internationalen Zentralstelle an alle Observatorien der Erde geschickt. Der Astronom liest den Klartext vor: „Ein neuer Komet der Helligkeit 9^m mit der Position $\alpha = 8^h22^{min}$ und $\delta = +21°15'20''$ ist am Soundsovielten vom Astronomen X an der Sternwarte in Y entdeckt worden." Mancher mag nun denken: Das soll Klartext sein? Gewiß, so ohne weiteres kann der Laie mit diesen Zahlen noch nichts anfangen. Anders der Astronom. Er gibt Weisung, das Objekt am kommenden Abend zu fotografieren, falls das Wetter gut wird. Der Fachmann hat aus den merkwürdigen Angaben in *Stunden (h)*, *Minuten (min)*, *Grad (°)*, *Bogenminuten (') und -sekunden (")* sofort erkannt, daß dieser Komet im Februar für den Beobachtungsort des Telegrammempfängers in den frühen Abendstunden über den Horizont steigen wird.

So schwierig, wie dies zunächst klingt, ist es in Wirklichkeit nicht. Im Grunde verfahren wir ganz ähnlich, wenn wir die Lage eines Ortes auf der Erdoberfläche beschreiben. Die Erdoberfläche ist eingeteilt in Kontinente und Staaten mit bestimmten Grenzen. Ein Staat wie zum Beispiel die Bundesrepublik Deutschland gliedert sich in Bundesländer, Regierungsbezirke, Städte und Landkreise. Wollen wir einer bestimmten Person einen Brief senden, so geben wir die Position des Wohnsitzes durch den Ortsnamen an, dem wir eine Postleitzahl sowie Straße und Hausnummer hinzufügen. Jeder, der sich auf Landkarten gut auskennt, kann sich sofort bild-

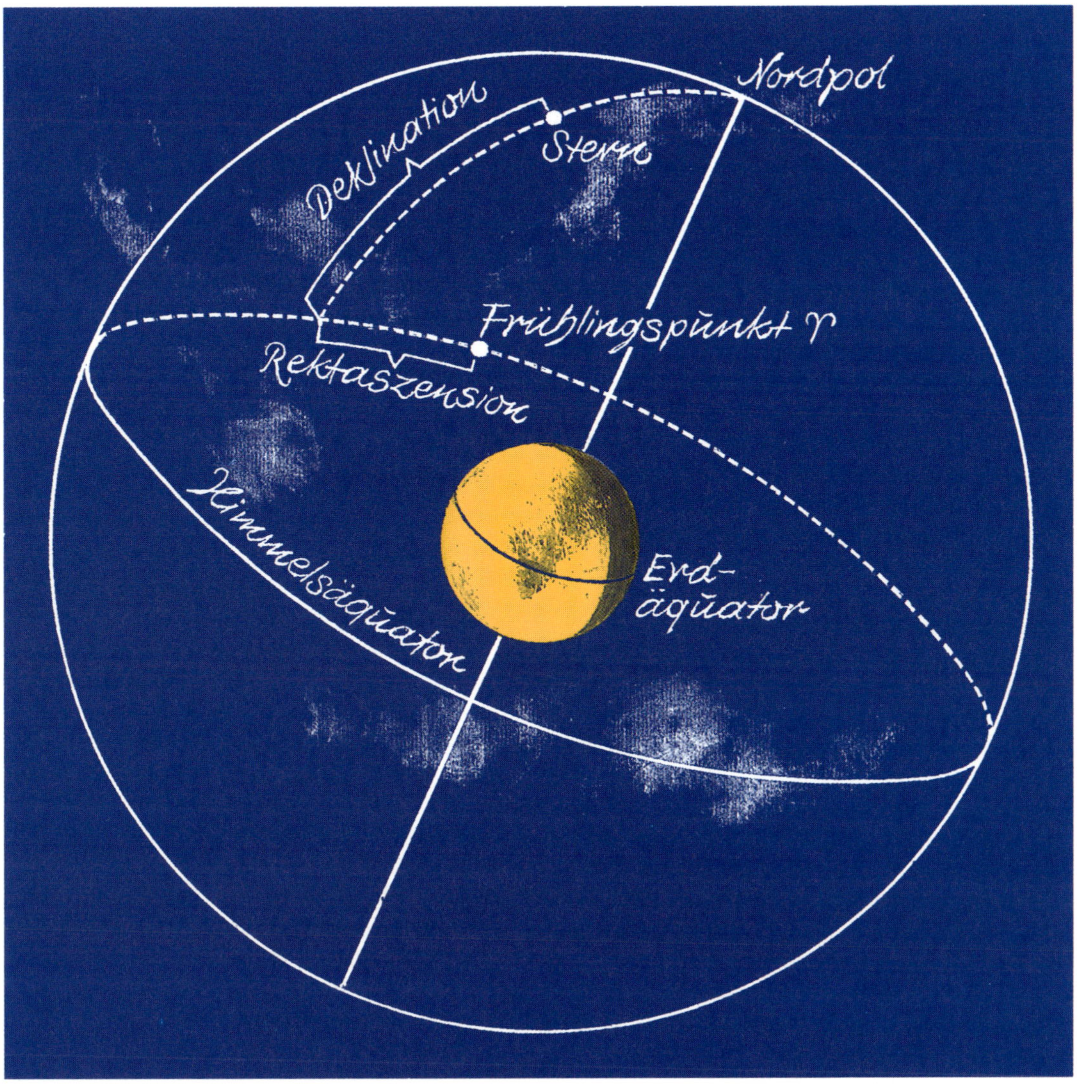

Das äquatoriale Koordinatensystem als Orientierungshilfe am Sternhimmel.

lich vorstellen, wohin auf diesem Planeten der Brief gehen wird. Außerdem aber ist die Erde – wie wohl jeder weiß – von einem Gradnetz überzogen, das der Mensch geschaffen hat. Auf der Erdkugel unterscheiden wir Längenkreise und Breitenkreise. Die Breitenkreise verlaufen parallel zu dem „nullten Breitenkreis", dem Erdäquator, wie Bauchbinden um den Planeten herum. Befindet sich ein Ort auf der südlichen Erdhalbkugel, so gibt man seine Breite durch den Zusatz „südlich" an. Vom Erdäquator bis zum Südpol der Erde finden wir alle Orte der geographischen Breite 0 bis 90° südlicher Breite und entsprechend vom Erdäquator bis zum Nordpol alle Orte der geographischen Breite 0 bis 90° nördlicher Breite. Die Zählung der Länge beginnt bei einem Längenkreis, der vom Südpol bis zum Nordpol der Erde genau durch die alte englische Sternwarte in Greenwich verläuft. Alle Orte, die westlich davon liegen, haben westliche Länge, die anderen östliche Länge, wobei man jeweils bis zu 180° zählt.

In einem solchen genau definierten Netz läßt sich nun jeder Punkt der Erdoberfläche präzise festlegen. Die Archenhold-Sternwarte in Berlin-Treptow hat beispielsweise folgende Koordinaten: geographische Breite +52°29'07", geographische Länge 13°28'36". Ein Postbeamter würde sicherlich einen Schreck bekommen, wenn er solche Zahlenangaben statt der üblichen Adressenangabe auf einem Briefumschlag vorfände. Wer aber in die üblichen Bezeichnungen nicht eingeweiht ist, dem

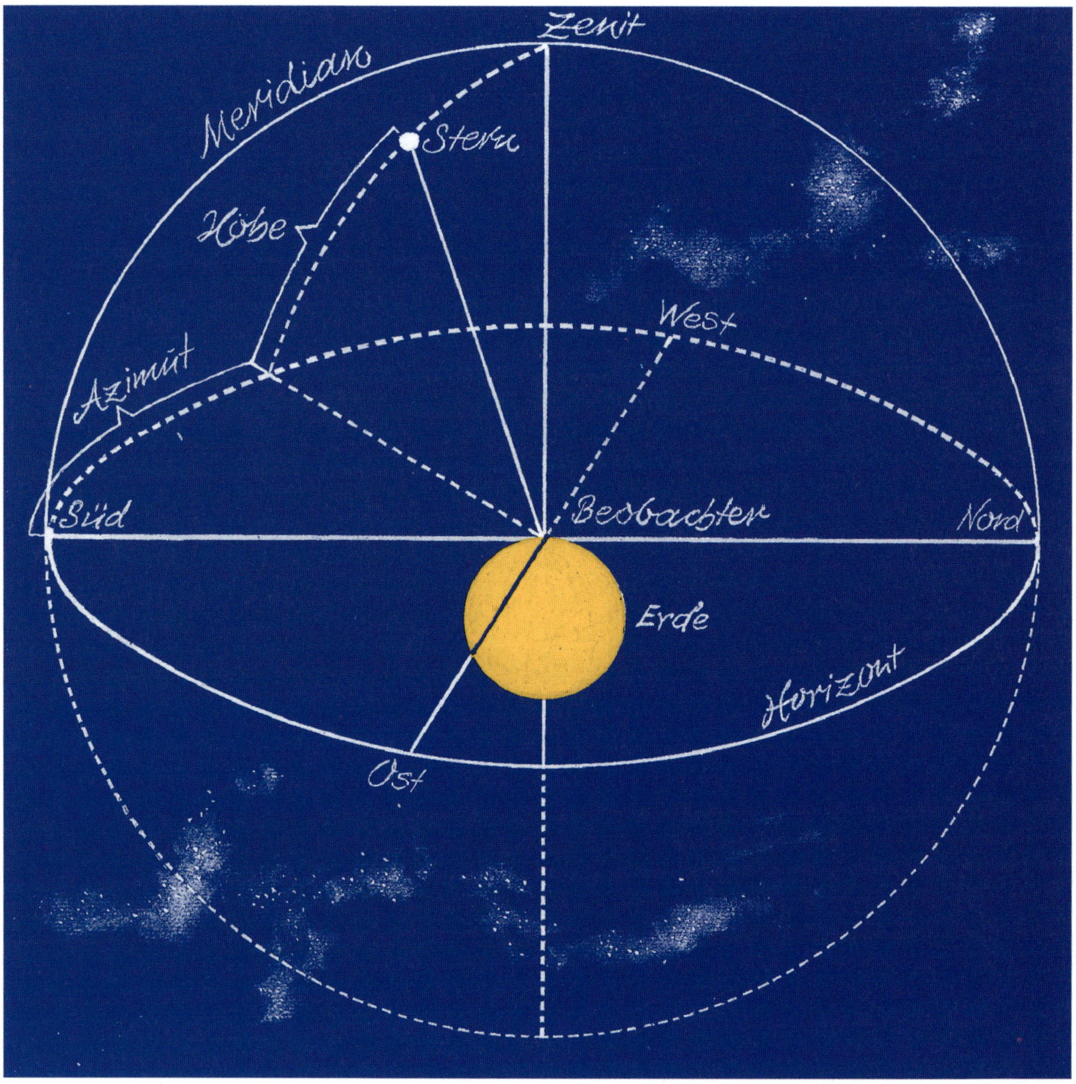

Das horizontale Koordinatensystem.

wird ein gewöhnlich adressierter Briefumschlag genauso unverständlich erscheinen.

Das himmlische Koordinatensystem

Wie die Erde, so wurde auch der Himmel mit einem Koordinatennetz überzogen. Wir brauchen uns die Linien des irdischen Netzes nur auf den Himmel übertragen zu denken, dann haben wir bereits das „himmlische" Koordinatensystem.

Hauptbezugskreis dieses Systems ist der auf den Himmel projizierte Erdäquator, der Himmelsäquator. Das Koordinatensystem wird deshalb auch sinnvollerweise Äquatorsystem genannt. Der Himmel säquator unterteilt den Himmel in eine nördliche und eine südliche Hälfte, genau wie der Erdäquator die Erde. Die beiden der irdischen Länge und Breite entsprechenden Koordinaten heißen Deklination (δ) und Rektaszension (α).

Die Deklination gibt an, welchen Winkelabstand ein Stern zum Himmelsäquator aufweist. Um die Lage des Sterns am Nord- und Südhimmel zu kennzeichnen, verwendet man die Vorzeichen plus (nördliche Deklination) und minus (südliche Deklination).

Die Rektaszension wird – genau wie die irdische Länge – von einem bestimmten senkrecht zum Himmelsäquator verlaufenden Großkreis aus gezählt. Er geht durch einen Punkt, den man als Frühlingspunkt bezeichnet. Hierbei handelt es sich um einen der beiden Schnittpunkte zwischen dem Himmelsäquator und dem Tierkreis, auch Ekliptik genannt. Damit haben wir einen weiteren für die Beschreibung von Sternörtern wichtigen Großkreis kennengelernt.

Der scheinbare Sonnenlauf

Der Tierkreis ist nämlich jener Großkreis am Himmel, auf dem die Sonne scheinbar während eines Jahres entlangläuft. Das Wörtchen „scheinbar“ müssen wir verwenden, weil sich natürlich in Wirklichkeit die Erde um die Sonne bewegt und nicht die Sonne um die Erde. Die Bewegung der Erde um die Sonne läßt uns den Eindruck gewinnen, als liefe die Sonne während eines Jahres um den ganzen Himmel. Dabei befindet sie sich immer auf der Ekliptik. Die Rektaszension wird üblicherweise in Stunden, Minuten und Sekunden gemessen. Der Himmelsäquator ist demgemäß eingeteilt. Einem Winkel von 15° entspricht jeweils eine Stunde der Rektaszension, folglich einem Winkel von 1° jeweils 4 Minuten usw.

Jetzt ist eigentlich die Bedeutung des astronomischen Telegramms schon klar. Die Zahlenangaben sagen uns, an welcher Stelle des Himmels der neuentdeckte Komet zum Zeitpunkt seiner Entdeckung gestanden hat. Nehmen wir nun eine Sternkarte zur Hand, in der dieses Koordinatennetz am Himmel eingezeichnet ist, so finden wir nach kurzem Suchen den Ort des Kometen. Die dort stehenden Sterne gehören zum Sternbild Krebs. Hätte es aber in dem Telegramm – wie oft in einer Zeitungsnotiz – geheißen, der Komet sei im Sternbild Krebs entdeckt worden, so wäre diese Mitteilung viel zu ungenau gewesen, um ihn zu finden. Nur wenn es sich um sehr helle Objekte handelt, die bereits mit dem bloßen Auge zu sehen sind, reicht eine solche Angabe aus. Für die lichtschwächeren Objekte benötigen wir die Koordinaten, die wir dann mit Hilfe eines entsprechend ausgerüsteten Fernrohrs einstellen können.

Spätmittelalterliche Darstellung des Sternhimmels mit Sternen und Figuren sowie Tierkreis und Äquator.

Sternbilder heute

Dies heißt nun aber nicht, daß die Sternbilder heute gar keine Bedeutung mehr besitzen. Im Gegenteil: Wer sich am Himmel zurechtfinden möchte, muß diese Bilder und ihre Stellung zueinander gut kennen. Er muß auch wissen, zu welchen Jahres- und Uhrzeiten bestimmte Sternbilder am Himmel des Heimatorts zu beobachten sind.

Azimut und Zenit

Will man sich eine Vorstellung von der Lage eines Objekts am Himmel des Beobachtungsorts machen, so ist die Angabe von Koordinaten des Äquatorsystems unzweckmäßig. In der praktischen Beobachtung bezieht man sich stets auf den Horizont des Beobachtungsorts. Der Winkelabstand eines Sterns vom Horizont heißt Höhe. Als Azimut wird der Winkel zwischen dem Südpunkt des Horizonts und dem Schnittpunkt des Vertikalkreises durch den Stern mit dem Horizont bezeichnet. Unter dem Vertikalkreis versteht man einen Großkreis, der senkrecht zum Horizont steht. Die Zählung erfolgt hierbei von Süd über West. Während die Höhe eines Sterns zwischen 0 und 90°, das heißt zwischen Horizont und Zenit des Himmels, liegen kann, sind für den Azimut Werte zwischen 0 und 360° möglich.

Kein „Himmelszelt“

Natürlich darf uns diese Exkursion in das wichtige Gebiet der Orientierung am Himmel nicht zu der Ansicht verleiten, die Sterne stünden alle an einem einheitlich weit von uns entfernten „Himmelszelt“. Diese noch bei Nikolaus Kopernikus (1473 – 1543) und seinen Zeitgenossen anzutreffende Vorstellung ist durch die messende Astronomie des 17. und 18. Jahrhunderts widerlegt worden. Die Sterne befinden sich unterschiedlich weit in den Tiefen des Raums, und es scheint uns nur so, als wären sie alle an der Innenseite einer riesigen Hohlkugel befestigt, in deren Mitte wir uns befinden.

Das heutige Bild des Kosmos stellt sich, grob skizziert, folgendermaßen dar: Unsere Erde, von der aus wir das Weltall beobachten und erforschen, bewegt sich mit den anderen Planeten Merkur, Venus, Mars, Jupiter, Saturn, Uranus, Neptun, Pluto und mit den Kleinkörpern wie Kometen, Meteoren, Kleinen Planeten, Staub usw. um die Sonne. Die Erde ist von der Sonne im Mittel 150 Millionen km entfernt. Diese himmelskundliche „Elle“ wird auch die Astronomische Einheit (AE) genannt. Die mittleren Abstände der Planeten erstrecken sich von 0,39 AE (Merkur) bis 39,7 AE (Pluto). Die übrigen Sterne sind ferne Sonnen. Der nächste von ihnen befindet sich rund 270 000 AE von uns entfernt. Um nicht mit unverhältnismäßig großen Zahlen rechnen zu müssen, hat man für diese Distanzen eine neue „Elle“ eingeführt – das Lichtjahr (Lj). Es ist die Strecke, die ein Lichtstrahl mit seiner Geschwindigkeit von 300 000 km/s in einem Jahr zurücklegt. Einem Lichtjahr entsprechen rund 9,5 Billionen km. Der nächste Fixstern steht etwa 4,3 Lj von uns entfernt. Das gesamte Sternsystem mit seinen rund 100 Milliarden Sonnen weist einen Durchmesser von ungefähr 100 000 Lj auf. Von dem nächsten Sternsystem trennen uns rund 2,2 Millionen Lj.

Wollen wir aber einen fernen Stern, einen Planeten, ein Sternsystem am Himmel finden, so interessiert uns nur seine Lage am Firmament. Und deshalb tun wir einfach so, als käme jedem Objekt ein Platz am „Himmelsgewölbe“ zu. Damit ist im Prinzip jedoch nur die Richtung angezeigt, aus der sein Licht zu uns gelangt.

Helligkeiten nach Maß

Eine andere wichtige Kenngröße, mit der wir gleichsam die Quantität des Sternenlichts beschreiben, ist die Helligkeit der Sterne. Schon der Katalog des Ptolemäus enthält solche Informationen. Die Skale der Helligkeiten in der Astronomie ist also sehr alt, und sie ist, was manchen überraschen wird, seit Jahrtausenden im wesentlichen unverändert geblieben.

Die Helligkeiten der Sterne von den hellsten Himmelskörpern bis zu den mit dem bloßen Auge gerade noch erkennbaren wurden im Altertum in 6 Größenklassen eingeteilt. Sie unterscheiden sich jeweils durch gleiche Helligkeitsstufen. Die hellsten Sterne wurden der ersten Größenklasse, die schwächsten der sechsten zugewiesen. Später hat man diese Helligkeitsskale zu helleren und schwächeren Sternen erweitert, so daß auch negative Zahlen zur Kennzeichnung von Sternen sehr großer Helligkeit benutzt werden. Dabei schreibt man den Helligkeitswert in der Form 6^m. Die Angabe „9^m“ in unserem astronomi-

Manche Sterne stoßen gegen Ende ihres Lebens Materie in Form von Nebelhüllen ab, die sich mehr oder weniger kugelförmig um das Objekt ausbreiten. Der in der Bildmitte liegende Helix-Nebel ist ein Beispiel dafür. Man nennt solche Objekte „Planetarische Nebel", weil sie äußerlich dem verwaschenen Scheibenbildchen eines Planeten ähneln (40 Sekunden belichtet auf Kodak Ektachrome P800 Diafilm).

schen Telegramm informiert also über die Helligkeit des Kometen. Das hochgestellte m ist von dem lateinischen Wort magnitudo (Größe) abgeleitet. Für die Angabe von Größenklassen*differenzen* verwendet man das Kurzzeichen „mag".

Die Helligkeitsdifferenzen der Forschungsobjekte sind in keiner anderen Wissenschaft so groß wie in der Astronomie. Der für uns hellste Himmelskörper, die Sonne, strahlt mit einer Helligkeit von $-26^{m},86$. Die mit den größten Instrumenten unter Verwendung technischer Hilfsmittel gegenwärtig gerade noch erfaßbaren Sterne des Himmels haben eine Helligkeit von 23^{m} bis 24^{m}. Somit erstrecken sich die Gegenstände der astronomischen Forschung hinsichtlich ihrer Helligkeit über den weiten Bereich von etwa 50 Größenklassen!

In der Astrophysik ist jedoch nicht der vom Auge wahrgenommene Helligkeits*eindruck* maßgebend, sondern die zu diesem Eindruck gehörige *Intensität* des Sternenlichts. Rücken wir in Gedanken einen Stern aus einem gegebenen Abstand in die doppelte Entfernung, so verringert sich seine Intensität auf ein Viertel des Ausgangswerts. Es gilt nämlich allgemein das Gesetz

$$I \sim \frac{1}{r^2}$$

In dieser Formel bedeutet I die Intensität einer Lichtquelle und r die Entfernung der Lichtquelle vom Beobachter.

Intensität ist maßgebend

Um mit den Helligkeiten der astronomischen Objekte für physikalische Betrachtungen überhaupt etwas anfangen zu können, muß man Aussagen über ihre Intensität machen. Auch stellen alle Helligkeitsmeßgeräte, sogenannte Fotometer, Intensitäten fest und keine Eindrücke. Es fragt sich daher, welcher Zusammenhang zwischen den seit alters gebräuchlichen Größenklassen und den Intensitäten besteht. Umfangreiche Forschungen während des 19. Jahrhunderts haben ergeben, daß diese beiden Kenngrößen des Lichts durch dieselbe Beziehung beschrieben werden können, die auch für den Zusammenhang zwischen Reiz und Empfindung beim Tast- und beim Hörsinn Gültigkeit hat. Diese Beziehung wird durch das psychophysische Grundgesetz ausge-

Gekrönte Häupter und „ihre" Astronomen:
Cosimo II. Medici (oben). Den Medici widmete Galilei die Entdeckung der Jupitermonde. Der bedeutende Danziger Astronom Johannes Hevelius (1611-1687; Mitte) verewigte in dem von ihm erfundenen Sternenbild „Sobieskischer Schild" den polnischen König Johann III. Sobieski (rechts).

drückt. Die Empfindungen sind nach diesem Gesetz proportional den Logarithmen der sie auslösenden Reize. Das bedeutet, daß jeweils gleichen Helligkeits*differenzen* gleiche Intensitäts*verhältnisse* entsprechen. Die Skale der Größenklassen ist durch die Gleichung

$$m_1 - m_2 = -2{,}5 \lg \frac{I_1}{I_2}$$

gegeben. Hierin bedeuten m_1 und m_2 die Helligkeiten zweier Sterne in Größenklassen sowie I_1 und I_2 die dazugehörigen Intensitäten. Der Index 1 nach m und I kennzeichnet den jeweils helleren der beiden Sterne.

Größenklasse und Intensität

Nachdem wir dies wissen, lassen sich mit den Größenklassenangaben auch sinnvoll Vorstellungen über die Intensitäten des Sternenlichts verbinden: In der durch die obige Gleichung beschriebenen Größenskale bedeutet eine Helligkeitsdifferenz zweier Sterne einer Größenklasse jeweils ein Intensitätsverhältnis von 1 : 2,512. Ein Stern der Helligkeit 2^m ist also um diesen Faktor heller als ein Stern der Größenklasse 3^m. Für eine Differenz von 5 Größenklassen ergibt sich gerade ein Intensitätsverhältnis von 1 : 100. Der vorhin erwähnte Größenklassenunterschied zwischen der Helligkeit der Sonne und der Helligkeit von eben noch nachweisbaren schwächsten Sternen entspricht daher einem Intensitätsverhältnis von $1 : 10^{20}$!
Zur einfachen Umrechnung von Größenklassendifferenzen in Intensitätsverhältnisse und umgekehrt dienen die im Anhang enthaltenen Tabellen. Größere als die in den Tabellen angegebenen Differenzen von Größenklassen und Verhältnisse von Intensitäten können folgendermaßen berechnet werden: Bei Größenklassendifferenzen über 5 mag zieht man von der jeweiligen Differenz das nächstliegende Vielfache von 5 (5, 10, 15 usw.) ab und sucht das zu dem sich ergebenden Wert gehörige Intensitätsverhältnis in der Tabelle. Dieses wird für jeden vollen Fünfer mit 100 multipliziert. Nehmen wir als Beispiel die Bestimmung des Intensitätsverhältnisses zweier Objekte der Helligkeitsdifferenz von 12,5 mag. Das nächstliegende Vielfache von 5 ist 10, folglich bilden wir 12,5 – 10,0 – 2,5. In der Tabelle finden wir hierfür das Intensitätsverhältnis von 10. Dieser Wert ist nun mit 100 · 100 zu multiplizieren, da der abgezogene Betrag von 10 mag gerade zwei volle Fünfer umfaßt. Als Inten-

Der Preußenkönig Friedrich II. (oben) „erhielt" von Johann Elert Bode (links) am Sternhimmel die – heute nicht mehr gebräuchliche – „Friedrichsehre", ein typisches dynastisches Sternbild. Joseph Jerome de La Lande (Mitte) hingegen stritt mit Bode um den Austausch von Sternbildernamen – Eitelkeiten vergangener Zeiten!

sitätsverhältnis ergibt sich also $10 \cdot 100 \cdot 100 = 100\,000 = 1 \cdot 10^5$.

Größenklassendifferenz

Entsprechend verfahren wir bei der Bestimmung von Größenklassendifferenzen für Intensitätsverhältnisse größer als 1 000 000. Das betreffende Intensitätsverhältnis wird durch 100, 10 000, 1 000 000 usw. dividiert, so daß sich ein Wert zwischen 1 und 100 ergibt. Für diesen Wert entnehmen wir aus der Tabelle die zugehörige Größenklassendifferenz. Zu dem Resultat werden je nach dem zuvor verwendeten Divisor 5, 10, 15 usw. Größenklassen addiert. Betrachten wir als Beispiel zwei Sterne, deren Lichtintensitäten sich wie 1 : 10 000 000 verhalten. Um auf ein zwischen 1 und 100 liegendes Intensitätsverhältnis zu kommen, dividieren wir durch 1 000 000 und erhalten 10 000 000 : 1 000 000 = 10. Hierfür lesen wir aus der Tabelle eine Größenklassendifferenz von 2,5 mag ab. Da wir durch $100 \cdot 100 \cdot 100 = 1\,000\,000$ dividiert hatten, müssen wir zu diesem Ergebnis noch 5 + 5 + 5 = 15 Größenklassen addieren und erhalten als Endergebnis eine Größenklassendifferenz von 17,5 mag. Damit haben wir das Verfahren von vorhin jetzt rückwärts angewendet.

Scheinbare Helligkeiten

Die Angaben der Sternhelligkeiten in Größenklassen stellen natürlich keine physikalische Aussage über die betreffenden Objekte dar. Es handelt sich nämlich um scheinbare Helligkeiten. Der Vergleich der scheinbaren Helligkeiten verschiedener Sterne gestattet uns keine Rückschlüsse auf die von den jeweiligen Sternen tatsächlich ausgestrahlte Energie. Daß ein Stern mit einer bestimmten scheinbaren Helligkeit strahlt, liegt nur zum Teil an der von ihm tatsächlich ausgestrahlten Energie. Außerdem spielt die Entfernung des Sterns vom Beobachter eine entscheidende Rolle für den Helligkeitseindruck, den wir von ihm empfangen. Nehmen wir als Beispiel zwei bekannte Objekte des Himmels: die scheinbare Helligkeit unserer Sonne und die des Sterns Deneb im Sternbild Schwan. Sie unterscheiden sich um 18,2 Größenklassen. Das Intensitätsverhältnis beträgt folglich etwa 100 Milliarden : 1. Berücksichtigen wir nun aber, daß sich die Sonne nur rund 150 Millionen km von uns entfernt befindet, während der Stern Deneb etwa

Die Sterne strahlen nicht nur im Bereich des sichtbaren Lichts, sondern auch in Wellenlängenbereichen, die das menschliche Auge nicht wahrnehmen kann, z.B. im Bereich der Radiostrahlung oder der kurzwelligen Röntgenstrahlung. Letztere wird von der Atmosphäre unserer Erde zurückgehalten und kann daher nur von Satelliten aus registriert werden. Eine der bisher erfolgreichsten Expeditionen ins Reich der kosmischen Röntgenstrahlen stellt der deutsche Satellit „Rosat" dar, der am 1.6.1990 gestartet wurde.

900 Lj tief im Raum steht, so läßt sich leicht ausrechnen, daß Deneb in Wirklichkeit ein viel hellerer Stern ist als unsere Sonne. Von seiner Oberfläche wird insgesamt etwa 25 000mal mehr Energie abgestrahlt als von unserem Taggestirn.

Absolute Helligkeit

Eine fotometrische Größe, die es uns gestattet, aus Sternhelligkeiten physikalische Aussagen über die Sterne abzuleiten, ist die absolute Helligkeit. Unter der absoluten Helligkeit M eines Sterns versteht man die scheinbare Helligkeit m, die man messen würde, wenn man sich gerade 10 Parsec (pc) von dem Stern entfernt befände. Ein Parsec ist der Abstand, aus dem der Radius der Erdbahn unter einem Winkel von 1" erscheint; er beträgt etwa 30,8 Billionen km oder 3,26 Lj. Die absolute Helligkeit wird ebenfalls in Größenklassen angegeben. Für sie gilt also die gleiche Skale wie für die scheinbare Helligkeit. Als Symbol für die absolute Helligkeit wird M benutzt. Die zur absoluten Helligkeit gehörige Intensität des Sternenlichts drückt die tatsächliche Strahlungsleistung des Objekts aus, da sie – ebenso wie die absolute Helligkeit selbst – nicht von der Entfernung abhängig ist. Die auf die Entfernung von 10 pc bezogene Intensität des Sternenlichts wird als Leuchtkraft L bezeichnet. Zwischen den absoluten Helligkeiten M_1 und M_2 zweier Sterne und den dazugehörigen Leuchtkräften L_1 und L_2 besteht – entsprechend der Definition der scheinbaren Helligkeiten – die Beziehung

$$M_1 - M_2 = -2{,}5 \lg \frac{L_1}{L_2} \quad .$$

Kennt man die scheinbare Helligkeit eines Sterns, so läßt sich die absolute Helligkeit berechnen, wenn die Entfernung des Objekts bekannt ist. Die Aufgabe besteht dann darin, die Helligkeit in der gegebenen Entfernung auf die Helligkeit in der Ein-

So unscheinbar sieht unser Sonnensystem aus, wenn wir es aus sehr großer Entfernung betrachten könnten: die Sonne ist ein heller Stern, von den Planeten ist fast nichts mehr zu erkennen. Im Vordergrund der Phantasiezeichnung ist die amerikanische Weltraumsonde „Pioneer“ zu sehen, die längst in den Tiefen des Raumes schwebt.

heitsentfernung 10pc umzurechnen. Da die Intensität einer Lichtquelle mit dem reziproken Wert des Quadrats der Entfernung abnimmt, ist diese Umrechnung leicht möglich. Die Intensität des Sternenlichts I in der Entfernung r, gemessen in pc, verhält sich nämlich zur Intensität des Sternenlichts I_{10} in der Entfernung 10 pc

$$\frac{I}{I_{10}} = \frac{10^2}{r^2} .$$

Die Differenz zwischen der scheinbaren Helligkeit und der absoluten Helligkeit des Sterns beträgt folglich nach der Definitionsgleichung der Größenklasse

$$m - M = -2{,}5 \lg \frac{I}{I_{10}} .$$

Daraus läßt sich ableiten, daß

$$m = M - 5 + 5 \lg r \text{ ist.}$$

Diese Gleichung drückt den Zusammenhang zwischen der scheinbaren Helligkeit, der absoluten Helligkeit und der Entfernung eines Sterns aus. Die Differenz zwischen scheinbarer und absoluter Helligkeit eines Sterns $m - M$ hängt nur von seiner Entfernung ab und wird daher auch als Entfernungsmodul (Modul = Verhältniszahl) bezeichnet. Kennt man den Entfernungsmodul eines Sterns, so läßt sich die dazugehörige Entfernung angeben. Die im Anhang enthaltene Tabelle gestattet, für Entfernungsmoduln zwischen $-5{,}^m 0$ und $+34^m 0$ die zugehörigen Entfernungen in pc sowie in Lj abzulesen.

Wem unsere kleinen Rechenexperimente zu ermüdend sind, der kann sie auch gern beiseite lassen. Sie machen aber etwas Wesentliches deutlich: Die Helligkeiten, mit denen die Sterne am Himmel erscheinen, sagen viel über die Sterne als physikalische Objekte aus, wenn man ihre Entfernung kennt. Umgekehrt gilt aber auch: Wenn es uns gelingt, die wirklichen Helligkeiten der Sterne zu ermitteln, dann lassen sich sogar die Entfernungen der Sterne bestimmen!

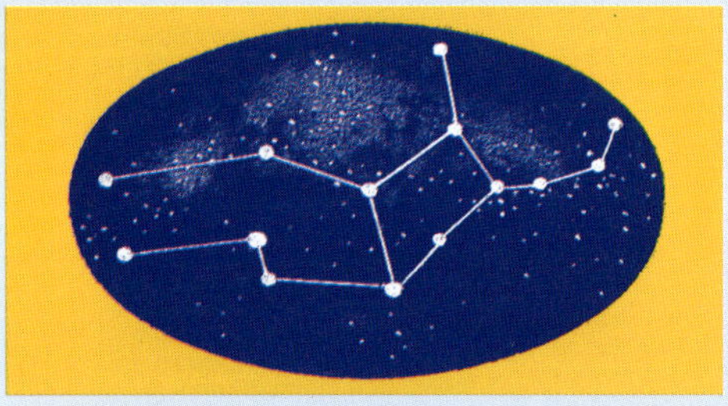

Das große Tierkreissternbild Jungfrau geht nach der antiken Sage auf Aurora, die Göttin der Morgenröte, zurück. Sie galt auch als das Sinnbild der Gerechtigkeit. Am besten ist das Sternbild im Frühling abends zu beobachten. Die im weißen Licht strahlende Spika gehört zu den hellsten Sternen des Frühlingshimmels.

Bilder und Zeichen

Sternbilder sind bildhaft zusammengefaßte Gruppen von Fixsternen, die am Nachthimmel einander benachbart erscheinen. Ihre Namen stammen zum großen Teil aus dem Altertum. Sternbilder am Südhimmel erhielten ihre Namen zum Teil auch erst in neuerer Zeit, besonders aus der seemännischen Begriffswelt. In der Ekliptik liegende Sternbilder werden als Tierkreiszeichen zusammengefaßt.

Die Sternbilder

Die Grenzen der Sternbilder muten mitunter etwas willkürlich an. Sie verlaufen längs von Stundenkreisen und Deklinationskreisen des äquatorialen Koordinatensystems. Im Grunde bleibt es natürlich gleichgültig, wo die Grenzen der einzelnen Bilder liegen. Hauptsache, es herrscht Einigkeit unter den Astronomen der Welt, und für jeden ist die Zuordnung bestimmter Objekte zu einem der definierten Sternbilder klar. Bei der Abgrenzung der Sternbilder gegeneinander hat man sich von ihren historisch gewachsenen „Territorialansprüchen" leiten lassen. Damit erhielt sich auch der alte Brauch, die Namen der Bilder in lateinischer Sprache anzugeben, so daß ein kleiner Vorrat an lateinischen Vokabeln sehr nützlich ist. Die hellsten Sterne der Bilder wurden ebenfalls mit Namen versehen. So trägt der hellste Stern im Sternbild Schwan den Namen Deneb. Ansonsten besteht die Gepflogenheit, die einzelnen Sterne eines Bildes mit kleinen Buchstaben des griechischen Alphabets, etwa in der Reihenfolge ihrer Helligkeit, zu benennen, wobei der Genitiv des lateinischen Sternbildnamens angefügt wird. Deneb wird danach zum Beispiel als α Cygni (Cygnus = Schwan), abgekürzt α Cyg, bezeichnet.

Wenn auch die alten Sternbilder nach wie vor gebräuchlich sind, darf uns dies natürlich nicht darüber hinwegtäuschen, daß wir heute mit dem gestirnten Himmel ganz andere Vorstellungen verbinden, als man sie zur Zeit der Entstehung der Figuren besaß. Damals wußten die Menschen weder etwas über die eigentliche Natur der Sterne, noch hatten sie Kenntnis von den Entfernungen der Objekte. Mochte man die Sterne als die Kuppen metallisch glänzender Nägel betrachten oder nicht – soviel schien gewiß: daß sie alle gleichweit entfernt waren. Der Himmel galt als eine über die Erde gestülpte Glocke, an deren Innenfläche die Sterne befestigt waren und die gleichzeitig die Begrenzung der Welt bildete. Diese Auffassung erhielt sich außerordentlich lang. Zwar entdeckte man schon im Altertum, daß die Wandelsterne oder Planeten, zu denen außer Merkur, Venus, Mars, Jupiter und Saturn auch Sonne und Mond gerechnet wurden, in einer bestimmten Abstandsfolge im Weltgebäude kreisen; die restlichen Himmelskörper aber, die Fixsterne, die ihre Stellung am

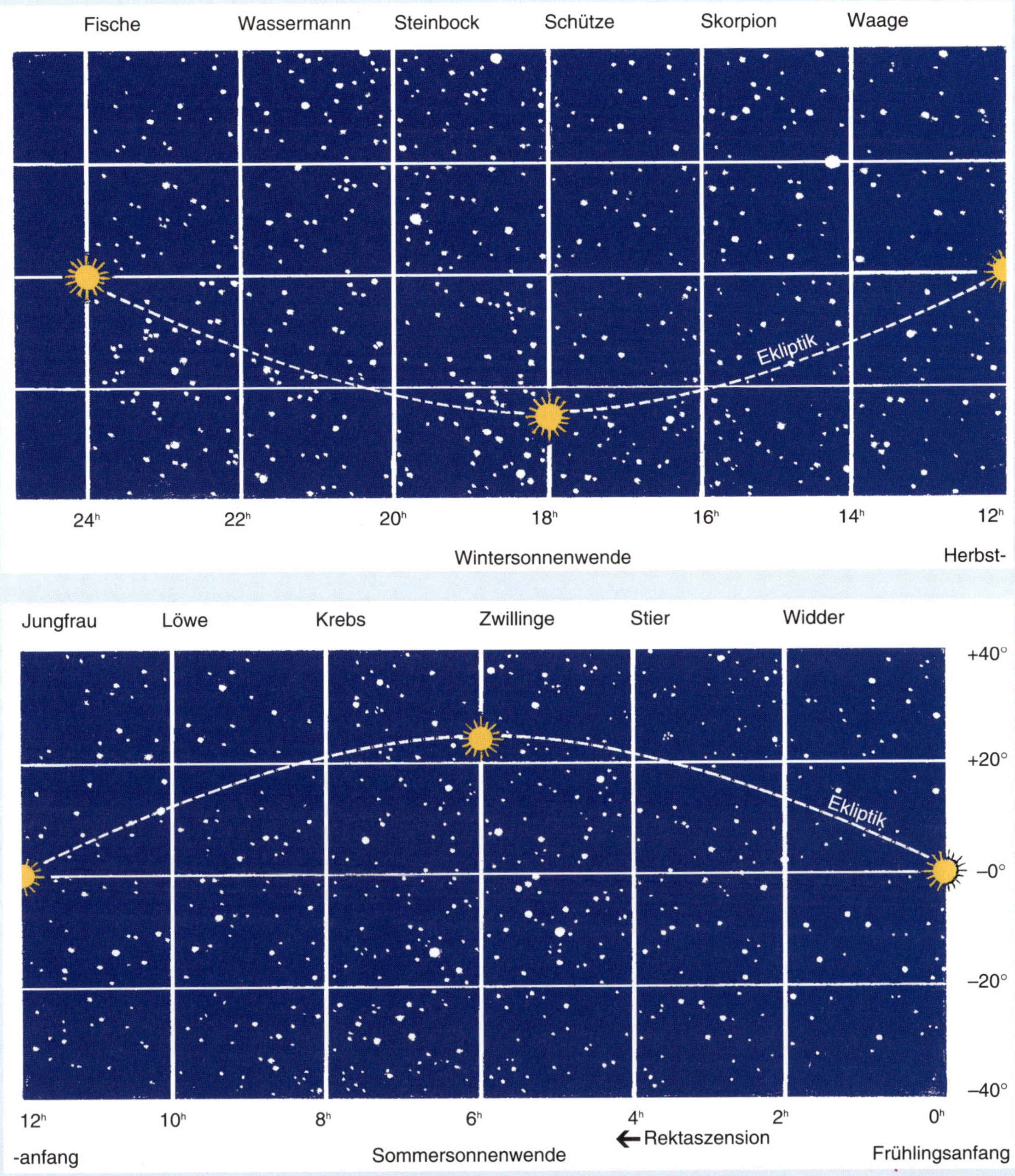

Scheinbarer Jahreslauf der Sonne durch die Sternbilder des Tierkreises (Ekliptik).

Himmel scheinbar nicht veränderten, blieben für die menschliche Vorstellungswelt an einer Sphäre (griech. = Kugel) fixiert.

Tierkreiszeichen

Die Einteilung in die vier Jahreszeiten wird in der Astronomie aus dem scheinbaren Jahreslauf der Sonne abgeleitet. Infolge der tatsächlichen Bewegung der Erde um die Sonne scheint es nämlich, als bewege sich das Zentralgestirn des Planetensystems während eines Jahres einmal um den ganzen Himmel. Dabei durchmißt die Sonne nacheinander die 12 Sternbilder des Tierkreises: Widder, Stier, Zwillinge, Krebs, Löwe, Jungfrau, Waage, Skorpion, Schütze, Steinbock, Wassermann und Fische.

Von diesen *Bildern* des Tierkreises sind die Tierkreis*zeichen* zu unterscheiden. Ein Tierkreiszeichen umfaßt einen Abschnitt von 30° der Ekliptikzone, so daß die Sonne mit recht großer Genauigkeit jeweils im Abstand von einem Monat in ein anderes Tierkreiszeichen eintritt.

Vor rund 2 000 Jahren stimmten die Zeichen mit den Bildern überein. Wenn sich die Sonne im Sternbild Fische befand, hatte sie damit zugleich Position im Zeichen der

Special

Alle 88 Sternbilder

Im folgenden sind alle 88 Sternbilder des Himmels in alphabetischer Ordnung mit den dazugehörigen Genitiva der lateinischen Bezeichnung, ihrer Abkürzung und ihrer deutschen Übersetzung aufgeführt.

Lateinischer Name	Genitiv	Abkürzung	Deutscher Name
Andromeda	Andromedae	And	Andromeda
Antlia	Antliae	Ant	Luftpumpe
Apus	Apodis	Aps	Paradiesvogel
Aquarius	Aquarii	Aqr	Wassermann
Aquila	Aquilae	Aql	Adler
Ara	Arae	Ara	Altar
Aries	Arietis	Ari	Widder
Auriga	Aurigae	Aur	Fuhrmann
Bootes	Bootis	Boo	Bärenhüter
Caelum	Caeli	Cae	Grabstichel
Camelopardalis	Camelopardalis	Cam	Giraffe
Cancer	Cancri	Cnc	Krebs
Canes Venatici	Canum Venaticorum	CVn	Jagdhunde
Canis Major	Canis Majoris	CMa	Großer Hund
Canis Minor	Canis Minoris	CMi	Kleiner Hund
Capricornus	Capricorni	Cap	Steinbock
Carina	Carinae	Car	Schiffskiel
Cassiopeia	Cassiopeiae	Cas	Kassiopeia
Centaurus	Centauri	Cen	Zentaur
Cepheus	Cephei	Cep	Kepheus
Cetus	Ceti	Cet	Walfisch
Chamaeleon	Chamaeleonis	Cha	Chamäleon
Circinus	Circini	Cir	Zirkel
Columba	Columbae	Col	Taube
Coma Berenices	Comae Berenicis	Com	Haar der Berenike
Corona Australis	Coronae Australis	CrA	Südliche Krone
Corona Borealis	Coronae Borealis	CrB	Nördliche Krone
Corvus	Corvi	Crv	Rabe
Crater	Crateris	Crt	Becher
Crux	Crucis	Cru	Kreuz (des Südens)
Cygnus	Cygni	Cyg	Schwan
Delphinus	Delphini	Del	Delphin
Dorado	Doradus	Dor	Goldfisch
Draco	Draconis	Dra	Drache
Equuleus	Equulei	Equ	Kleines Pferd
Eridanus	Eridani	Eri	Eridanus
Fornax	Fornacis	For	(Chemischer) Ofen
Gemini	Geminorum	Gem	Zwillinge
Grus	Gruis	Gru	Kranich
Hercules	Herculis	Her	Herkules
Horologium	Horologii	Hor	Pendeluhr
Hydra	Hydrae	Hya	Wasserschlange
Hydrus	Hydri	Hyi	Kleine Wasserschlange
Indus	Indi	Ind	Inder
Lacerta	Lacertae	Lac	Eidechse
Leo	Leonis	Leo	Löwe
Leo Minor	Leonis Minoris	LMi	Kleiner Löwe
Lepus	Leporis	Lep	Hase
Libra	Librae	Lib	Waage
Lupus	Lupi	Lup	Wolf
Lynx	Lyncis	Lyn	Luchs
Lyra	Lyrae	Lyr	Leier
Mensa	Mensae	Men	Tafelberg
Microscopium	Microscopii	Mic	Mikroskop
Monoceros	Monocerotis	Mon	Einhorn
Musca	Muscae	Mus	Fliege
Norma	Normae	Nor	Lineal
Octans	Octantis	Oct	Oktant
Ophiuchus	Ophiuchi	Oph	Schlangenträger
Orion	Orionis	Ori	Orion
Pavo	Pavonis	Pav	Pfau
Pegasus	Pegasi	Peg	Pegasus
Perseus	Persei	Per	Perseus
Phoenix	Phoenicis	Phe	Phönix
Pictor	Pictoris	Pic	Maler(staffelei)
Pisces	Piscium	Psc	Fische
Piscis Austrinus	Piscis Austrini	PsA	Südlicher Fisch
Puppis	Puppis	Pup	Achterschiff
Pyxis	Pyxidis	Pyx	Schiffskompaß
Reticulum	Reticuli	Ret	Netz
Sagitta	Sagittae	Sge	Pfeil
Sagittarius	Sagittarii	Sgr	Schütze
Scorpius	Scorpii	Sco	Skorpion
Sculptor	Sculptoris	Scl	Bildhauer(werkstatt)
Scutum	Scuti	Sct	Schild
Serpens*	Serpentis	Ser	Schlange
Taurus	Tauri	Tau	Stier
Telescopium	Telescopii	Tel	Teleskop
Triangulum Australe	Trianguli Austalis	TrA	Südliches Dreieck
Tucana	Tucanae	Tuc	Tukan (Pfeffervogel)
Ursa Major	Ursae Majoris	UMa	Großer Bär
Ursa Minor	Ursae Minoris	UMi	Kleiner Bär
Vela	Velorum	Vel	Segel (des Schiffes)
Virgo	Virginis	Vir	Jungfrau
Volans	Volantis	Vol	Fliegender Fisch
Vulpecula	Vulpeculae	Vul	Fuchs

*Dieses Bild wird durch das Sternbild Ophiuchus in die beiden Teile Serpens Caput und Serpens Cauda (Schlangenkopf und -schwanz) geteilt. Beiden entsprechen nichtzusammenhängende Himmelsareale.

Fische bezogen. Die Erdachse führt nun aber eine taumelartige Bewegung aus, die man als Präzessionsbewegung bezeichnet. Infolge dieser Bewegung verschiebt sich der Schnittpunkt zwischen dem Himmelsäquator und der Ekliptik im Laufe von 25 800 Jahren einmal um die gesamte Ekliptik. Dies bedeutet natürlich, daß die Sonne nicht für alle Zeiten in einem bestimmten Monat in demselben Sternbild stehen kann. Sie durchmißt vielmehr – bezogen auf ein festes Datum – innerhalb von 25 800 Jahren sämtliche Sternbilder des Tierkreises.

Einfluß auf das Leben?

Die Bilder des Tierkreises vor 2 000 Jahren besaßen (und besitzen noch heute) in den Vorstellungen vieler Menschen astrologische Bedeutung, das heißt, ihnen wurde Einfluß auf das Leben von Völkern und einzelnen Menschen zugeschrieben. Ein „Widder-Geborener" war nach Ansicht der Astrologen mit ganz bestimmten Anlagen und Eigenschaften ausgestattet. Dieser astrologischen Deutungen wegen blieb die Einteilung des Jahres nach der Stellung der Sonne in den Bildern vor 2 000 Jahren erhalten, ungeachtet dessen, daß ihre tatsächliche Stellung heute um rund 30° gegenüber den alten Bildern verschoben ist. Daher tritt die Sonne definitionsgemäß am 22. Dezember eines jeden Jahres in das Tierkreiszeichen des Steinbocks ein, obwohl sie das Tierkreis*sternbild* des Steinbocks derzeit erst am 20. Januar erreicht.

Die Astrologie verbindet bekanntlich nicht allein die Tierkreissternbilder und -zeichen mit bestimmten Bedeutungen, sondern auch die Stellung von Sonne und Mond sowie die Planeten am Himmel, besonders zur Zeit der Geburt eines Menschen. Daraus werden dann Vorhersagen über sein Schicksal abgeleitet. Diese Lehre ist ebenso alt wie die Astronomie selbst, und einer ihrer größten Meister, Claudius Ptolemäus, war auch der Autor eines berühmten astrologischen Werkes. Er wollte – damals durchaus legitim – aus der Natur der Himmelskörper ihre Wirkungen auf die Menschen herleiten. Doch die wirkliche Natur der Himmelskörper kannte er nicht. Die Astrologie ist im Unterschied zur Astronomie auch keine Naturwissenschaft.

Special

Den einzelnen Monaten sind folgende Tierkreiszeichen zugeordnet:*

Daten	Tierkreiszeichen
22.12. – 20.01.	Steinbock
20.01. – 18.02.	Wassermann
18.02. – 20.03.	Fische
20.03. – 20.04.	Widder
20.04. – 21.05.	Stier
21.05. – 21.06.	Zwillinge
21.06. – 22.07.	Krebs
22.07. – 23.08.	Löwe
23.08. – 23.09.	Jungfrau
23.09. – 23.10.	Waage
23.10. – 22.11.	Skorpion
22.11. – 22.12.	Schütze

*Die Daten können leicht variieren

Reihenaufnahme eines Sonnenunterganges. Solche eindrucksvollen Bilder kann jeder Naturfreund mit etwas Geduld durch Mehrfachbelichtung und unter Verwendung einer festen Kameraaufstellung (Stativ) selbst herstellen.

Blick in das Sternengewimmel der Milchstraße im Sternbild Schütze. Hier liegt das Zentrum des gewaltigen Sternsystems, dem auch wir mit unserer Sonne angehören.

Mit diesem goldenen Becher soll der griechischen Mythologie nach der Rabe für Apoll frisches Wasser gebracht haben. Das kleine, unscheinbare Sternbild Becher liegt am Südrand des Löwen zwischen den Konfigurationen Rabe und Wasserschlange und kann vor allem im Frühjahr abends beobachtet werden.

Wechsel der Jahreszeiten

Der Erdumlauf um die Sonne und die Schrägstellung der Erdachse führen zur Entstehung der Jahreszeiten. Je nach der Stellung der Erde auf ihrer Bahn fallen die Sonnenstrahlen an einem Ort gegebener geographischer Breite unterschiedlich steil ein. Diese Tatsache findet ihren Ausdruck in den unterschiedlichen Mittagshöhen der Sonne zu den verschiedenen Jahreszeiten.

Wechselspiel der Tageslänge

Entsprechend der Definition der Jahreszeiten erreicht die Sonne für jeden Ort der Nordhalbkugel der Erde mittags ihren jährlichen Höchststand, wenn sie im nördlichsten Punkt ihrer scheinbaren Jahresbahn steht, das heißt zum Sommersanfang. Für Berlin beträgt ihre Mittagshöhe dann z. B. 61°. Die geringste Mittagshöhe markiert den Wintersanfang mit dem südlichsten Stand der Sonne in ihrer scheinbaren Jahresbahn. Die Mittagshöhe für Berlin mißt zu dieser Zeit nur 14°. Zum Herbst- und Frühlingsanfang steht die Sonne unmittelbar auf dem Himmelsäquator, so daß sie in Berlin eine Mittagshöhe von 37,5° erreicht. Mit den verschiedenen Mittagshöhen sind ein unterschiedlich großer Tagbogen und eine unterschiedliche Dauer des lichten Tages verbunden. Als Tagbogen bezeichnet man den über dem Horizont liegenden Teil des von einem Himmelskörper bei der täglichen scheinbaren Bewegung beschriebenen Kreises. Lediglich zum Herbst- und Frühlingsanfang geht die Sonne genau im Osten auf beziehungsweise im Westen unter. Tag und Nacht haben dann für alle Orte der Erde die gleiche Länge. Zum Sommersanfang beschreibt die Sonne einen viel größeren Tagbogen. Sie erscheint im Nordosten und versinkt erst im Nordwesten. Der längste Tag des Jahres dauert z. B. für Berlin 16 Stunden 50 Minuten. Zum Wintersanfang steigt die Sonne im Südosten über den Horizont und versinkt bereits im Südwesten, die Tagesdauer beträgt für Berlin nur 7 Stunden 38 Minuten.

Prinzipiell spielen sich dieselben Vorgänge auf der Südhalbkugel in derselben Weise ab. Dort verzeichnen wir für alle Orte den längsten Tag des Jahres zum Datum unseres Winteranfangs und entsprechend den kürzesten zum Datum unseres Sommeranfangs, das heißt, die jahreszeitlichen Erscheinungen sind gegenüber denen auf der Nordhalbkugel der Erde jeweils um 6 Monate verschoben.

Der Himmel im Wechsel des Jahres

Selbst dem flüchtigen Betrachter des Firmaments fällt auf, daß man im Sommer andere Sternbilder erblicken kann als im Winter, oder daß die Figur des Großen Wagens zu den verschiedenen Jahreszeiten jeweils um die gleiche Abendstunde an verschiedenen Stellen steht.

Strenggenommen, gibt es nur zwei Orte auf der Erdoberfläche, von denen aus jederzeit dieselben Sternbilder zu sehen sind: den Nordpol und den Südpol unseres Planeten.

„Wandernde Sternbilder"

Die Ursache für die unterschiedliche Sichtbarkeit der Sternbilder zu den verschiedenen Jahreszeiten liegt einerseits in der Bewegung der Erde um ihre eigene Achse und um die Sonne, andererseits in der Schrägstellung der Erdachse. Die Bewegung der Erde um ihre Achse führt zum Wechsel von Tag und Nacht. Der Beobachter auf der Erdoberfläche kann deshalb die Sterne nur sehen, wenn er sich auf der Nachtseite des Planeten befindet. Nun bewegt sich aber die Erde zugleich um die Sonne. Die Nachtseite der Erde zeigt folglich im Laufe des Jahres in verschiedene Himmelsrichtungen. Darin kommt der schon erläuterte Sachverhalt zum Ausdruck, daß die Sonne scheinbar während eines Jahres einmal die Sternbilder des Tierkreises durchmißt. Die Bilder, in denen sie sich jeweils aufhält, sind nicht zu beobachten; die Gruppe von Bildern, die sich um eine gedachte „Gegensonne" schart, ist hingegen sichtbar. Die tägliche scheinbare Drehung des Sternhimmels verläuft dabei ebenso wie die jährlich scheinbare Bewegung des Sternhimmels um eine gedachte „Weltachse" durch den Himmelsnordpol und durch den Himmelssüdpol.
Denken wir uns vom Himmelsnordpol irgendeines Ortes auf der Nordhalbkugel der Erde einen Kreis mit dem Radius gezogen, welcher der Höhe des Pols über dem Horizont dieses Ortes entspricht, so finden wir innerhalb dieses Kreises alle Sterne, die unabhängig von der Jahreszeit ständig über dem Horizont stehen. Sie tragen die Bezeichnung Zirkumpolarsterne (lat. circum = ringsum).

Zirkumpolarsterne

Die Sterne erreichen bei ihrer täglichen scheinbaren Bewegung um die Erde den höchsten Punkt über dem Horizont im Süden und den tiefsten Punkt im Norden. Liegt nun dieser tiefste Punkt nicht unter dem Horizont, dann kann der betreffende Stern auch zu keiner anderen Zeit unter dem Horizont versinken. Er ist also immer sichtbar. Alle außerhalb dieses Kreises stehenden Sternbilder lassen sich nur zu bestimmten Jahreszeiten beobachten.
Für einen Ort auf dem Nord- oder Südpol der Erde beträgt die Höhe des Himmelspols 90°. Ein Kreis mit diesem Radius, innerhalb dessen also die Zirkumpolarsterne stehen, ist der Horizont selbst. Er ist mit dem Himmelsäquator identisch. Da sich oberhalb des Himmelsäquators gerade die Sterne des nördlichen Sternhimmels befinden, bedeutet dies, daß für einen Beobachter am Nordpol zu jeder Jahres- und Tageszeit alle Sterne des nördlichen Himmels

Die bekanntesten Zirkumpolarsternbilder in unseren geographischen Breiten.

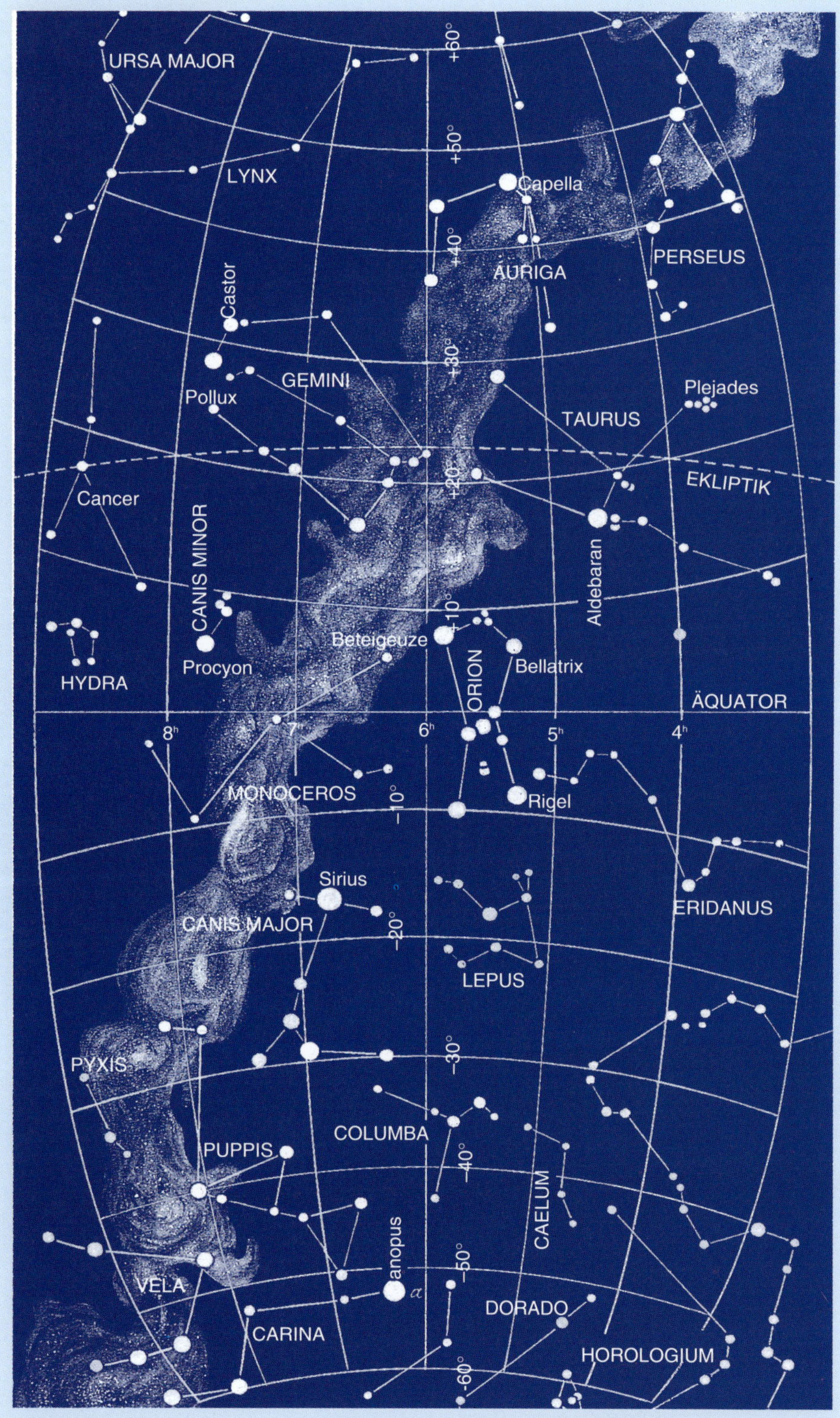

Die Gruppe der Wintersternbilder, die sich um die anschauliche und bekannte Figur des Orion anordnen. Sie sind in unseren Breiten während der Wintermonate am Abend- und Nachthimmel zu beobachten, im Sommer hingegen nicht.

über dem Horizont stehen. Sterne des südlichen Himmels sind jedoch dort niemals sichtbar. Für einen Beobachter auf dem Südpol der Erde gilt entsprechend, daß stets alle Sterne des südlichen Sternhimmels, aber niemals Sterne des nördlichen Sternhimmels über dem Horizont stehen. Bewegen wir uns nun in Gedanken von den Polen der Erde in Richtung auf den Äquator, so wird der Radius des Kreises, innerhalb dessen die Zirkumpolarsterne liegen, immer kleiner. Für Berlin beträgt er noch 52,5°, gemäß der geographischen Breite der Stadt. Für einen Ort am Äquator ist der Kreis hingegen auf einen Punkt zusammengeschmolzen. Es gibt dort also überhaupt keine Sterne mehr, die ständig beobachtet werden können.

Stündliche Verschiebung

Blicken wir stets um die gleiche Stunde des Abends zum Himmel, so rückt die Gruppe der sichtbaren Sternbilder immer weiter in Richtung auf den Westhorizont. Da eine volle (scheinbare) Drehung des Himmels innerhalb von 12 Monaten erfolgt, beträgt die Verschiebung der Bilder von Monat zu Monat 30°. Sie macht also denselben Betrag aus wie die Verschiebung infolge der *täglichen* Drehung der Erde innerhalb von zwei Stunden. Daher gilt eine Sternkarte, die den Anblick des Himmels für einen bestimmten Monat zeigt, immer nur mit Bezug auf ein ganz bestimmtes Datum des jeweiligen Monats und auf eine bestimmte Uhrzeit.
Schauen wir etwa Mitte Januar um 21 Uhr zum Himmel, so gruppieren sich im Süden die Bilder Stier, Orion und Fuhrmann. Ende Januar, das heißt einen halben Monat später, haben wir über dem Südhorizont um 21 Uhr den gleichen Anblick des Sternhimmels wie Mitte des Monats um 22 Uhr. Anfang Januar hingegen ist der Anblick des Himmels um 21 Uhr über dem Südhorizont mit dem Anblick zur Monatsmitte, aber eine Stunde früher, also um 20 Uhr, identisch. Auf diese Weise können wir mitten im Winter die Frühlingssternbilder betrachten, wenn wir nur genügend Ausdauer aufbringen und abwarten, bis diese Bilder über den Horizont gestiegen sind. Der Anblick des Himmels zum Frühlingsanfang um 21 Uhr bietet sich einem Beobachter Mitte Dezember nämlich erst um

3 Uhr 30 Minuten, das heißt am Morgenhimmel.
Diese Zusammenhänge macht uns eine drehbare Sternkarte (siehe S. 47) deutlich. Im Prinzip könnte man durch Auswahl der Uhrzeit jedes überhaupt über dem Horizont eines bestimmten Ortes sichtbare Bild zu jedem Datum beobachten, wenn nicht ein Teil der Sternbilder infolge der scheinbaren Bewegung der Sonne am Tageshimmel stünde und somit nicht wahrzunehmen wäre.
Im folgenden wollen wir uns deshalb darauf beschränken, die wichtigsten Sternbilder zu betrachten, die wir zu den verschiedenen Jahreszeiten in unseren Breiten um 21 Uhr über dem Südhorizont sehen können und die als typisch für die jeweilige Jahreszeit gelten. Zusätzlich sind natürlich all jene Bilder sichtbar, welche vom Einbruch der Dunkelheit bis zur Morgendämmerung über den Horizont gelangen. Zu diesen gesellen sich noch die Zirkumpolarsterne, weil diese ohnehin niemals untergehen. Für unser Gebiet sind dies Großer Bär, Kleiner Bär, Drache, Kepheus, Kassiopeia und Perseus.
Bekannt ist die Bedeutung der immer sichtbaren Bilder Großer und Kleiner Bär für die Orientierung auf der Erde. Dazu betrachten wir die sieben hellsten Sterne des Großen Bären, die auch als Figur des Großen Wagen bekannt sind, der allerdings nicht zu den 88 international vereinbarten Sternbildern gehört. Verlängern wir die Hinterachse des Großen Wagen etwa um das Fünffache, so treffen wir auf ein relativ lichtschwaches Sternchen, das aber in einer recht sternarmen Gegend steht und deshalb kaum verfehlt werden kann. Dieser Stern ist der erste Deichselstern einer im Register der Sternbilder ebenfalls fehlenden Figur, des Kleinen Wagen. Der Stern wird auch als Nordpolarstern bezeichnet. Er befindet sich in unmittelbarer Nähe des Himmelsnordpols, das heißt jener Stelle am Himmel, auf welche die Achse unserer Erde weist. Der Himmelspol steht senkrecht über dem Nordpunkt des Horizonts.
Auf der gegenüberliegenden Seite finden wir daher den Südpunkt des Horizonts und – jeweils 90° hiervon entfernt – den Ost- und den Westpunkt.

Der offene Sternhaufen Plejaden (Siebengestirn) M45 im Sternbild Stier (unten) und der California-Nebel NGC 1499 im Sternbild Perseus (oben) (30 Minuten belichtet auf Kodak Ektachrome Diafilm).

Sterne des Winterhimmels

Die Sternbilder des Winterhimmels zählen zu den besonders eindrucksvollen Figuren des Firmaments, enthalten zahlreiche besonders interessante und für die Beob-

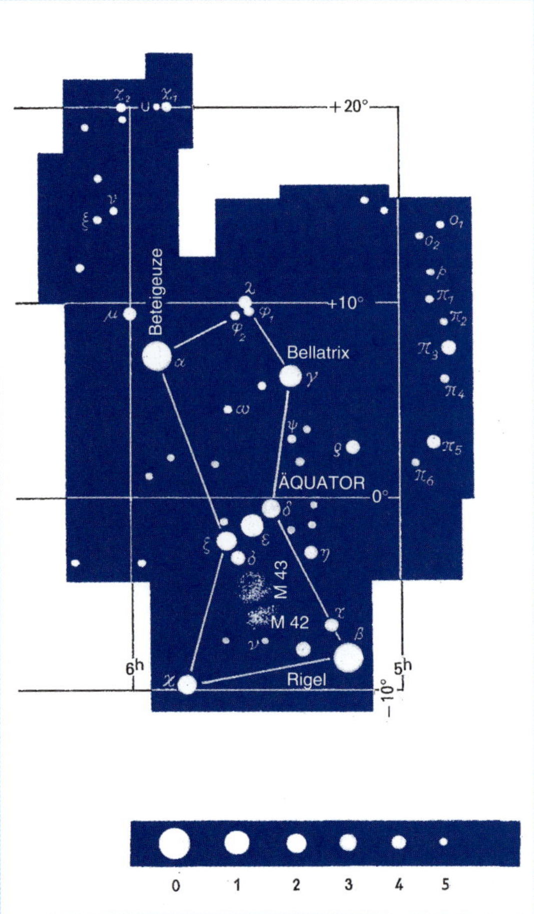

Sternbild Orion. Unten ist die Zuordnung der geometrischen Größen der gezeichneten Sterne zu den Helligkeiten in Größenklassen angegeben.

achtung lohnenswerte Objekte, und sie prägen sich leicht ein.

Orion: Beteigeuze und Rigel

Das beherrschende Bild des Winterhimmels ist die Figur des Orion, die im wesentlichen aus einem Kopfstern, den beiden Schultersternen, der Reihe schräg stehender Gürtelsterne und den beiden Fuß- oder Kniesternen gebildet wird. Die hellen Sterne des Orion haben ausnahmslos ihre „Taufnamen", von denen der linke Schulterstern Beteigeuze (α Ori) und der rechte Kniestern Rigel (β Ori) die bekanntesten sind. Beteigeuze zählt zu den Überriesensternen, so genannt wegen ihrer gewaltigen Dimensionen. Sein Durchmesser ist etwa 300- bis 400mal so groß wie der Durchmesser unserer Sonne, der 1,4 Millionen km beträgt. Schon mit bloßem Auge erkennen wir die rötliche Färbung von α Orionis, eine Folge seiner relativ niedrigen Oberflächentemperatur. Diese liegt bei etwa 3 000 K und ist damit um rund 3 000 K geringer als die Oberflächentemperatur unserer Sonne. Die riesige Gaskugel befindet sich ungefähr 500 Lj von unserer Erde entfernt.

Auch β Orionis ist ein Überriese. Seine Oberflächentemperatur beträgt jedoch etwa 15 000 K, so daß dieser Stern bläulich aussieht. Der nördlichste der drei Gürtelsterne, Mintaka (δ Ori), liegt in unmittelbarer Nähe des Himmelsäquators. Unterhalb der Gürtelsterne finden wir im „Schwertgehänge" des antiken Jägers ein schwach leuchtendes Nebelfleckchen. Die astronomische Forschung hat ergeben, daß es sich hierbei um einen in etwa 1 600 Lj Entfernung schwebenden riesigen Gas- und Staubnebel handelt, eine der größten Ansammlungen fein verteilter Materie innerhalb unseres Sternsystems. Der Orionnebel gilt als eine Brut- und Geburtsstätte von Sternen. Noch heute bilden sich hier neue Sterne im unaufhörlichen Prozeß des Werdens und Vergehens der Welten.

Zwillinge

Verbinden wir die Sterne Rigel und Beteigeuze in Gedanken miteinander und verfolgen die Verbindungslinie nach oben, so werden wir zum Sternbild Zwillinge geführt, dessen beide fast gleich helle Hauptsterne Castor und Pollux sofort auffallen.

Nach der antiken Sage begleiten den Himmelsjäger zwei Hunde, die ihm nordöstlich und südöstlich in Richtung der scheinbaren täglichen Himmelsdrehung folgen. Der Große Hund, der in unseren Breiten stets in Horizontnähe bleibt, lenkt vor allem durch seinen Hauptstern Sirius, den hellsten Fixstern des Himmels, den Blick auf sich. Mit 9 Lj Entfernung gehört Sirius auch zu den nächsten Fixsternen. Der Hauptstern des Kleinen Hundes, Procyon, ist ebenfalls ein unserer Sonne benachbarter Fixstern. Sein Abstand beträgt 11 Lj.

Stier

Zu den charakteristischen Winterbildern zählt weiter der westlich oberhalb von Orion gelegene Stier mit dem rötlichen Riesenstern Aldebaran und dem bekannten offenen Sternhaufen Siebengestirn (Plejaden). Offene Sternhaufen sind Ansammlungen von Sternen mit geringer Konzentration gegen das Haufenzentrum, die gleichzeitig und aus *einem* Urnebel entstanden sind. Für die Forschung sind sie wichtig, weil man davon ausgehen kann, daß alle Mitglieder eines offenen Sternenhaufens das gleiche Alter haben. Noch höher als Zwillinge und Stier thront über Orion der Fuhrmann mit dem auffallend hellen Hauptstern Capella.

Zur Orientierung am winterlichen Sternhimmel verbindet man in Gedanken mehrere der hellen Hauptsterne miteinander und erhält dann typische geometrische Figuren, die sich leicht einprägen und wiederfinden lassen. Beispielsweise bilden die Verbindungslinien von Beteigeuze, Procyon und Sirius ein nahezu gleichseitiges Dreieck, das als Winterdreieck bezeichnet wird. Verbinden wir in Gedanken die Sterne Capella, Castor, Procyon, Sirius, Rigel und Aldebaran miteinander, so ergibt sich die Figur eines riesigen Sechsecks, auch Wintersechseck genannt, das die wichtigsten Sternbilder des winterlichen Fixsternhimmels einschließt.

Die Milchstraße erhebt sich in den Winternächten steil über den Horizont. Mitte Januar um 21 Uhr verläuft das Sternenband der Hauptebene unseres Sternsystems von Südost nach Nordwest, wo in unmittelbarer Nähe des Horizonts noch ein „Rest" sommerlicher Sternbilder zu erkennen ist.

Die Sterne des Frühlingshimmels

Löwe

Die zweifellos eindrucksvollste Figur des Frühlingshimmels ist das Tierkreis-Sternbild Löwe, das wir um die Mitte des Monats April in halber Höhe über dem Südhorizont finden. Der Löwe zählt zu den wenigen „anschaulichen" Bildern, die ihrem Namen gerecht werden: Ein langer Löwenkörper, bestehend aus fünf trapezförmig angeordneten helleren Sternen, erstreckt sich unterhalb eines Kopfansatzes mit einer prächtigen Löwenmähne.

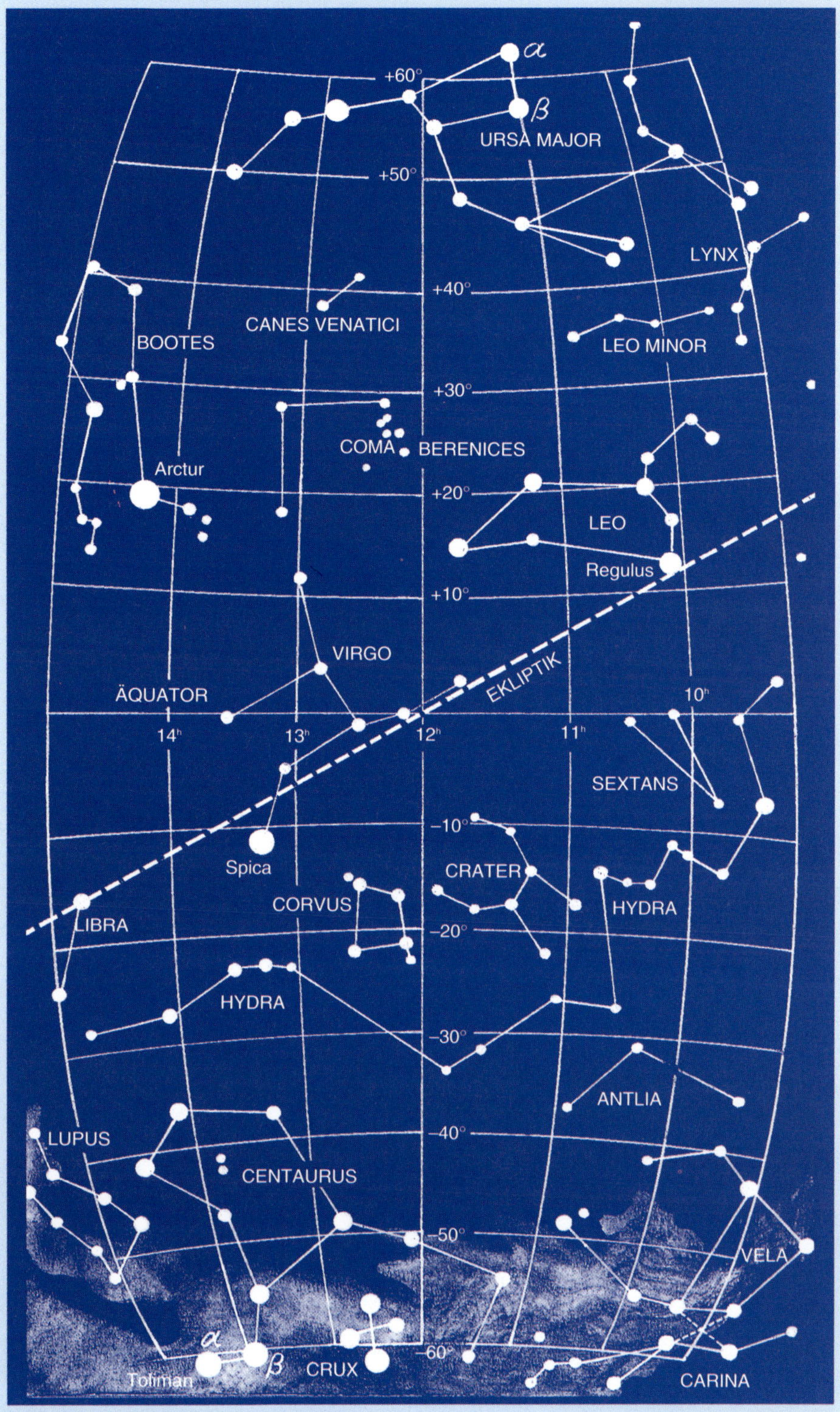

Sternbilder des Frühlingshimmels.

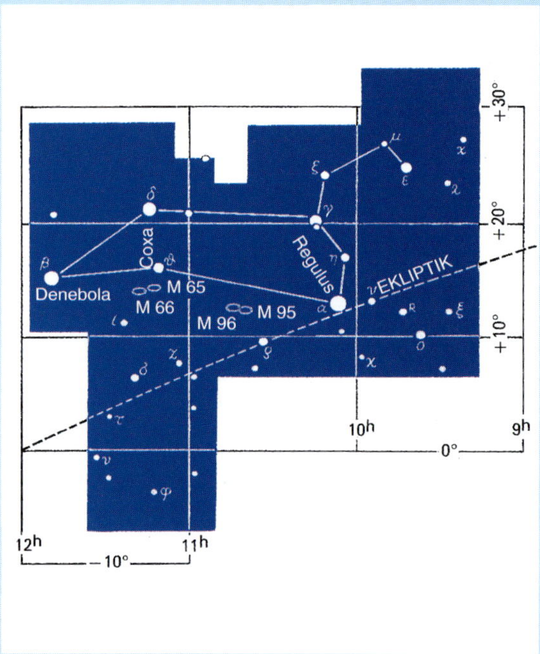

Sternbild Leo, die eindrucksvollste Figur des Frühlingshimmels.

Der hellste Stern des Löwen, Regulus, liegt unmittelbar an der Ekliptik. Da sich auch die Planeten alle sehr nahe der Ekliptik bewegen, weil ihre Bahnebenen sämtlich fast mit der Bahnebene der Erde identisch sind, kommt es relativ häufig zu eindrucksvollen Begegnungen zwischen Regulus und den Planeten. Bei dem Stern Algieba (γ Leo) handelt es sich nicht um einen Einzelstern, sondern um ein Doppelsternsystem. Dies ist keineswegs etwas Besonderes. Wir haben vielmehr Grund zu der Annahme, daß mindestens die Hälfte der Sterne in Form von Doppel- und Mehrfachsternsystemen auftritt. Nur sind nicht alle mit so einfachen Hilfsmitteln als solche zu erkennen wie Algieba. Im Fall von γ Leo bewegen sich zwei gewaltige Sonnen um einen gemeinsamen Schwerpunkt. Ein voller Umlauf nimmt 619 Jahre in Anspruch. Schon mit Hilfe eines kleinen Fernrohrs gelingt es, die beiden Komponenten zu trennen und Algieba als „Zweigestirn“ zu sehen.

Krebs

In Richtung der scheinbaren Himmelsdrehung läuft dem Löwen unmittelbar der Krebs voraus, der ebenfalls zu den Tierkreis-Sternbildern gehört. Die Sterne dieses Bildes sind durchweg sehr lichtschwach. Jedoch fällt bereits beim Betrachten mit dem bloßen Auge ein Nebelfleckchen nahe der Verbindungslinie von δ Cnc und γ Cnc auf, das sich schon im Feldstecher als eine Ansammlung von Sternen entpuppt, die über einen bestimmten Raum unregelmäßig verstreut scheinen. Der offene Sternhaufen wird als Praesepe (Krippe) bezeichnet. Knapp 100 Sonnen gehören zu dieser „Sternvereinigung“, die etwa 520 Lj von uns entfernt steht. Die Krippe ist einer von rund 1 000 bisher bekannten offenen Sternhaufen. Innerhalb unseres Milchstraßensystems gibt es in Wirklichkeit aber sehr viel mehr Sternansammlungen dieser Art. Man schätzt ihre Zahl auf 15 000.

Jungfrau

Östlich unterhalb des Löwen folgt in der Richtung der scheinbaren täglichen Drehung des Himmels die Jungfrau. Wie Krebs und Löwe ist auch diese Figur ein Tierkreis-Sternbild. Der hellste Stern des Bildes, Spica, liegt sehr nahe der Ekliptik, so daß wir deren Verlauf am Frühlingshimmel klar übersehen, wenn wir in Gedanken den Regulus mit dem gedachten Halbierungspunkt der Linie von α Vir bis δ Vir verbinden. Die Ekliptik zieht sich von dort direkt weiter zu dem zwar etwas lichtschwächeren, aber doch auffallenden Hauptstern der Waage, Zuben Elgenubi. Spica ist ein sehr helles Objekt, trotz der Entfernung von rund 155 Lj. Es handelt sich um einen äußerst heißen Stern mit einer Oberflächtentemperatur um 15 000 K. Der an der oberen Grenze des Bildes liegende Stern ε Vir trägt den Namen Vindemiatrix. Dieses lateinische Wort bedeutet soviel wie Weinbäuerin. Der Name weist darauf hin, daß schon in alter Zeit mit dem Auftauchen des Sterns in der Morgendämmerung die Zeit für die Weinlese gekommen war.

Das Sternbild Jungfrau ist den Astronomen auch deshalb wohlbekannt, weil sich dort eine gewaltige Anhäufung ferner Sternsysteme befindet. Man nennt diese Ansammlung wegen ihrer Lage im Sternbild Jungfrau auch den Virgo-Haufen. Bisher sind etwa 3 000 Mitglieder des Haufens bekannt. Ein mittelgroßes Fernrohr gestattet bereits, einige Dutzend dieser Systeme als verwaschene Nebelfleckchen zu beobachten.
Der Lichtstrahl ist etwa 60 Millionen Jahre im Kosmos unterwegs, bis er von den Sternansammlungen des Virgo-Haufens zu uns gelangt.

Wasserschlange

In der Nähe des Horizonts schlängelt sich das ausgedehnteste Bild des Himmels, die Wasserschlange. Das größtenteils dem südlichen Sternhimmel zugehörende Sternbild erstreckt sich über einen Rektaszensionsbereich von fast sieben Stunden! Der Kopf der Wasserschlange ragt unterhalb des Krebses über den Himmelsäquator und erreicht somit den nördlichen Sternhimmel. Der hellste Stern des Bildes, Alphard, zählt zu den Giganten unter den Sonnen des Weltalls. Seine Oberflächentemperatur liegt bei nur etwa 4 000 K.

Haar der Berenike

Zwischen Löwe und Jungfrau, aber ein wenig höher, finden wir das Haar der Berenike, benannt nach der Gattin des ägyptischen Königs Ptolemäus Euergetes (um 284 – 221 v. Chr.), die ihre Lockenpracht der Göttin Venus opferte, zum Dank, daß ihr Gemahl gesund vom Schlachtfeld zurückgekehrt war. Im Gebiet des aus sehr lichtschwachen Sternen bestehenden Haars der Berenike liegt ebenfalls ein Haufen von Sternsystemen. Die Entfernung dieses Coma-Haufens beträgt etwa 40 Millionen Lj; er besteht aus rund 1 000 Galaxien.

Sterne des Sommerhimmels

Wer im Sommer den Himmel beobachten möchte, muß sich zwar wegen der spät einsetzenden Dunkelheit und der „Umschaltung" unserer Uhren auf die sogenannte Mitteleuropäische Sommerzeit (MESZ) etwas länger gedulden, wird dafür aber durch interessante Objekte reichlich entschädigt. Die charakteristischen Sternbilder des Sommerhimmels in unseren Breiten sind Schwan, Adler, Leier, Herkules, Schlangenträger sowie Schütze und Skorpion. Um die Mitte des Monats Juli prangen die auffälligen Figuren von Schwan, Leier und Adler in großer Höhe über dem Südhorizont.

Schwan

Die Gestalt des Schwan erinnert unübersehbar an ein gewaltiges Kreuz, weshalb dieses Bild in der Umgangssprache mitunter auch das Kreuz des Nordens genannt wird. Es ist ausgedehnter und eindrucksvoller als das legendäre, bei uns nicht sichtbare Kreuz des Südens. Der Hauptstern des Schwan, Deneb, ist ein Überriese. Obwohl er mehr als 900 Lj von uns entfernt steht, zählt er zu den hellsten Sternen des Himmels. Würden wir unsere Sonne in sei-

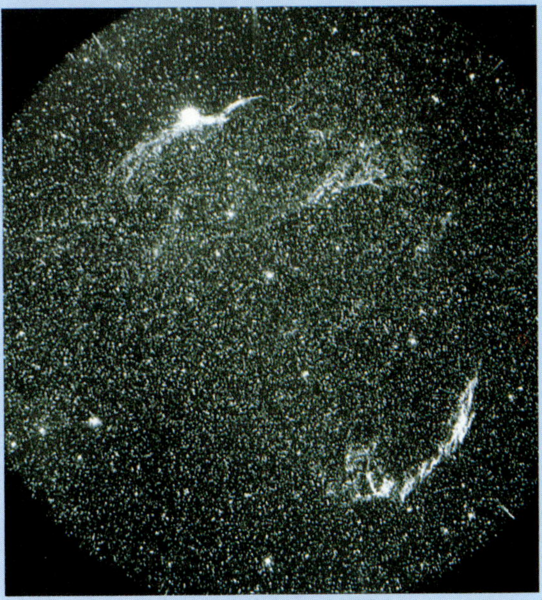

Cirrus-Nebel im Sternbild Schwan – Überreste einer Supernova-Explosion.

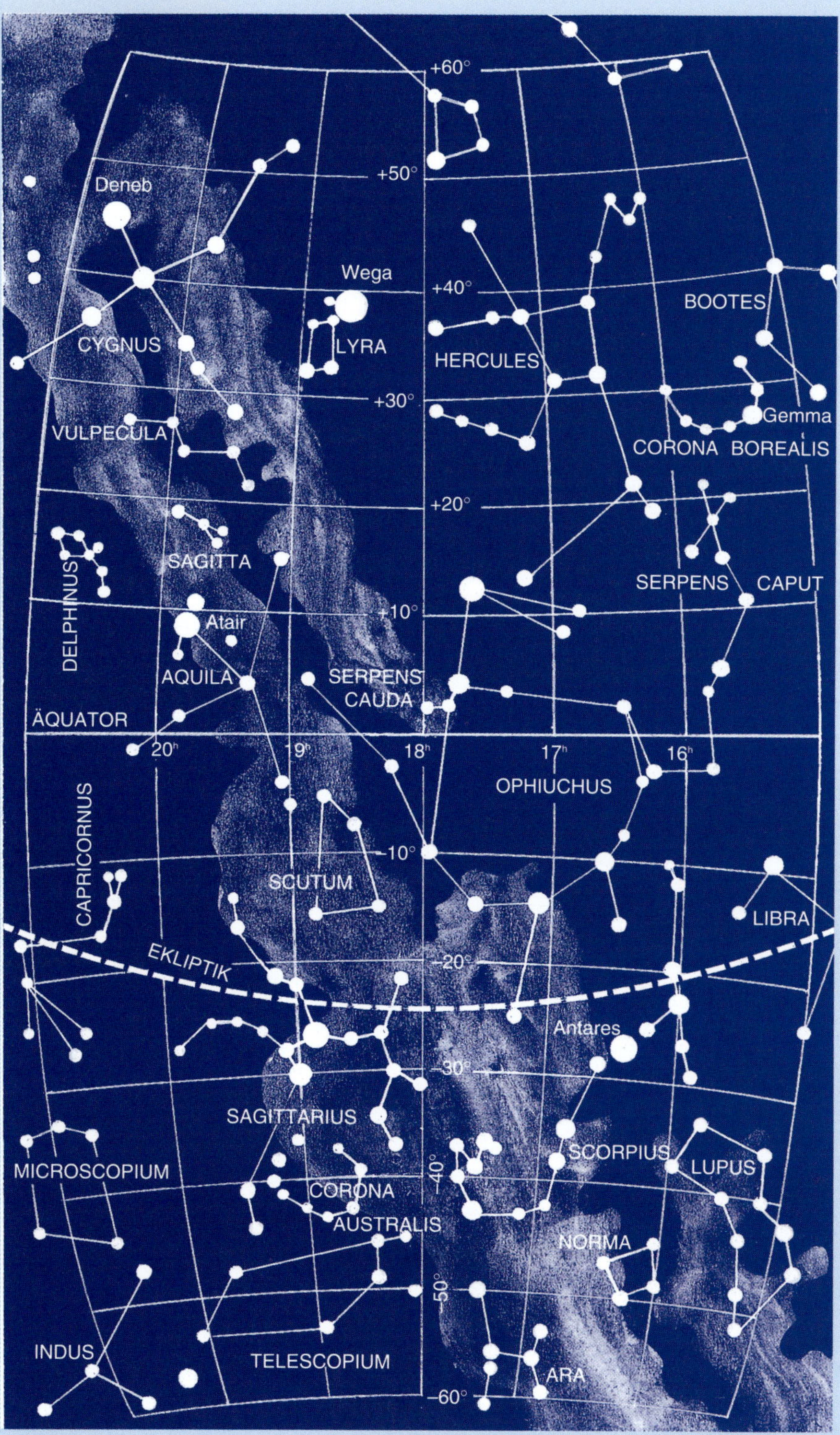

Sternbilder des Sommerhimmels.

ne Entfernung versetzen, so brauchten wir große Teleskope, um sie überhaupt noch wahrzunehmen.

Der Stern β Cyg (Albireo) gehört zu einem Doppelsternsystem, dessen Komponenten wir schon in kleinen Fernrohren getrennt sehen können.

Unweit des Hauptsterns α Cyg befindet sich der auf Himmelsfotografien deutlich hervortretende Nordamerikanebel. Den Namen verdankt er der Tatsache, daß seine Umrisse dem Anblick des nordamerikanischen Kontinents auf der Landkarte ähneln. Bei dem Objekt handelt es sich um einen großen Gasnebel innerhalb unseres Sternsystems, der inmitten eines sternreichen Himmelsfeldes liegt. In Wirklichkeit sind die Sterne in dieser Himmelsgegend jedoch ziemlich gleichmäßig verteilt; die zerklüftete Struktur und somit auch die Form des Nordamerikanebels werden durch riesige Wolken nichtleuchtender Materie vorgetäuscht, die den Blick auf die dahinterliegenden Sterne verwehren.

Das Sternbild Schwan beherbergt einen recht unscheinbaren Stern mit der Bezeichnung 61 Cygni, der historisch sehr interessant ist. Er gehört zu den ersten Sternen, deren Entfernung durch Messungen festgestellt werden konnte. Mit relativ hoher Genauigkeit ermittelte der deutsche Astronom Friedrich Wilhelm Bessel (1784 – 1846) seine Entfernung im Jahre 1838 zu 2,87 pc.

Leier

Das Sternbild Leier prangt am Sommerhimmel westlich des Schwan. Sein Hauptstern, Wega, ist nach Arktur im Sternbild Bärenhüter der hellste Stern des nördlichen Himmels. Wega zählt zugleich zu den kosmischen „Nachbarsonnen"; denn ihre Entfernung von uns beträgt nur 26 Lj. Annähernd gleichzeitig mit der Entfernungsbestimmung von 61 Cyg wurde auch die Distanz von Wega durch den Astronomen Friedrich Georg Wilhelm Struve (1793 – 1864) an der alten Sternwarte in Dorpat, Estland, gemessen.

Etwa auf der Mitte der Verbindungslinie zwischen den beiden Sternen Sulaphat und Sheliak finden wir den Ringnebel mit der Katalogbezeichnung NGC 6720 (NGC = New General Catalogue = Neuer allgemeiner Katalog). Um diesen 1779 entdeckten

Nebel wahrzunehmen, ist allerdings ein kleines Fernrohr erforderlich. Der Ringnebel zählt zu den wegen ihres Aussehens auch als planetarische Nebel bezeichneten Objekten. Sie bestehen aus Gas, das nach heutigen Vorstellungen von einem im Zentrum des Nebels befindlichen Stern abgestoßen wurde.

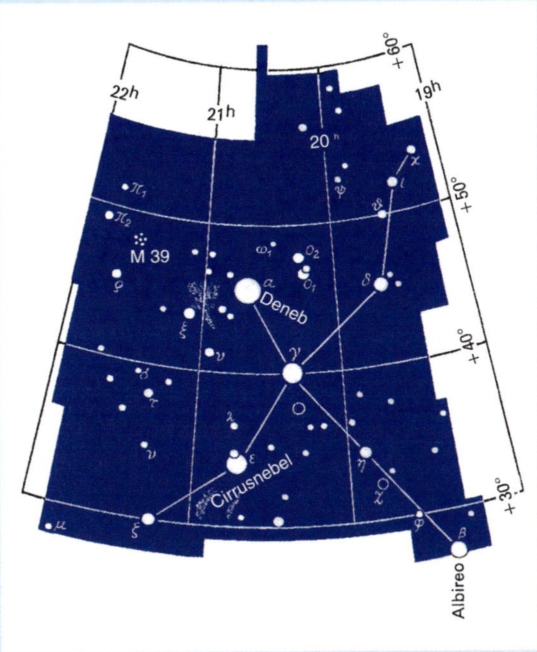

Sternbild Cygnus mit Nordamerikanebel NGC 7000 links von Deneb.

Adler

Das Sternbild Adler liegt unterhalb des Schwan. Auch sein Hauptstern ist einer der hellsten und nächsten Sterne im Weltraum, er wird sogar schon in der Dämmerung sichtbar. Verbinden wir die drei hellen Hauptsterne der eben genannten Sternbilder miteinander, dann erhalten wir ein großes, nahezu gleichschenkliges Dreieck, das zwar selbst kein Sternbild darstellt, jedoch als Sommerdreieck bekannt ist und die Orientierung unter den Sternen der Sommernacht erleichtert.

Herkules

Westlich des Sommerdreiecks ist der beliebteste Held der antiken Sage verewigt: Herkules. Im Gegensatz zu der großen Bedeutung dieser Gestalt in der griechischen Mythologie besteht das Sternbild nur aus relativ lichtschwachen Sternen. Ihre Anordnung erinnert an das Winterbild Orion, das ebenfalls eine männliche Figur darstellt. Der hellste Stern des Herkules, Ras Algethi (Kopf eines knieenden Mannes), zählt zu den visuellen Doppelsternen, das heißt, die einzelnen Komponenten sind schon mit Hilfe eines kleineren Fernrohrs zu erkennen. Der englische Astronom Nevil Maskelyne (1732 – 1811) entdeckte die Doppelsternnatur dieses Objekts bereits im Jahr 1779. Der Hauptstern, ein „Roter Riese", das heißt, ein Stern rötlicher Färbung und gewaltiger Ausdehnung, hat etwa den 800fachen Durchmesser unserer Sonne. Denken wir uns diesen Stern in unser Planetensystem versetzt, so würde er sich vom Zentrum der Sonne bis weit über die Bahn des Planeten Jupiter hinaus erstrecken. Wenn man das Band des zerlegten Lichts dieses Sterns, also sein Spektrum untersucht, bemerkt man darin periodisch wiederkehrende Veränderungen, die darauf hindeuten, daß noch ein dritter Stern zu diesem System gehört, der aber nicht direkt gesehen werden kann. Zwischen den beiden Sternen η Her und ξ Her finden wir eines der schönsten Beobachtungsobjekte des Sommerhimmels, den Kugelsternhaufen M 13 (M = Messier, nach dem französischen Astronomen Charles Messier [1730 – 1817], der einen Katalog nebliger Objekte zusammenstellte.). Schon mit bloßem Auge ist die Sternansammlung unter guten Sichtbedingungen als schwaches Nebelfleckchen auszumachen. Ein kleines Fernrohr läßt das Objekt schon viel deutlicher erkennen, und auf Fotografien, die mit Hilfe größerer Instrumente gewonnen wurden, entfaltet es seinen prachtvollen Sternenreichtum.

Die Kugelsternhaufen zeigen im Gegensatz zu den offenen Sternhaufen eine starke Konzentration der Sterne gegen das Haufenzentrum. Sie sind die ältesten Objekte des Sternsystems.

Sterne des Herbsthimmels

Mit dem Anbruch des Herbstes stellen sich wieder günstigere Beobachtungsbedingungen ein. Die Nächte werden länger, nachdem die Tagundnachtgleiche zum Herbstanfang vorüber ist. Zugleich wird der nächtliche Himmel dunkler, da die Sonne jetzt tiefer unter den Horizont taucht als im Sommer. Außerdem stellen wir unsere Uhren wieder um eine Stunde zurück und verabschieden uns mit dieser Maßnahme von der Sommerzeit.

Pegasus

Auch am herbstlichen Sternhimmel finden wir einige markante Figuren, die eine Orientierung ermöglichen. Auffallend ist ein großes Sternenviereck aus hellen Objekten, das als Viereck des Pegasus bezeichnet wird, obwohl es nicht nur aus Sternen des Bildes Pegasus besteht. Die linke obere Ecke der Figur gibt nämlich der hellste Stern der Andromeda ab, während die drei anderen Sterne tatsächlich dem am Himmel verewigten geflügelten Dichterroß der Antike angehören.

Abendstimmung mit Mondsichel und Planeten.

Andromeda

Andromeda präsentiert sich östlich von Pegasus. Das Bild besteht im wesentlichen aus den drei recht hellen Sternen Sirrah (α And), Mirach (β And) und Alamak (γ And). In ihm finden wir das entfernteste Objekt des Weltalls, das dem bloßen Auge noch zugänglich ist. Dabei handelt es sich um ein fernes Sternsystem von ähnlichem Aufbau wie unsere eigene Galaxis. Das Objekt liegt oberhalb von δ And und wird als Andromedanebel (M 31) bezeichnet, weil es sowohl beim Betrachten mit dem bloßen Auge als auch unter Verwendung von Fernrohren wie ein Nebelfleck anmutet. Daß wir es hier in Wirklichkeit mit einem gewaltigen Sternsystem zu tun haben, das aus etwa 300 Milliarden Sonnen besteht, weiß man erst seit dem Jahr 1923, als es unter Verwendung des 2,5-m-Hooker-Spiegels in der USA erstmals gelang, die Randpartien des Nebels in Einzelsterne aufzulösen. Die Entfernung von M 31 beträgt rund 2,2 Millionen Lj. Der Andromedanebel hat zwei erheblich kleinere und lichtschwächere Begleiter, die unter den Katalognummern NGC 205 und NGC 220 (=M 32) registriert sind. Sie stellen gleichsam Anhängsel des großen Systems dar, wie sie unsere eigene Galaxie ebenfalls in Gestalt der beiden Magellanschen Wolken am südlichen Sternhimmel besitzt.

Perseus

Von Pegasus kommend, wird unser Blick über Andromeda direkt zu dem Sternbild Perseus hinübergeführt, das wie ein umgekehrt stehendes Ypsilon anmutet. Im Perseus erregt besonders der Stern Algol (β Per) unsere Aufmerksamkeit, da er zu den bedeckungsveränderlichen Sternen gehört: Zwei Komponenten eines Doppelsternsystems bewegen sich in einer Ebene um ihren gemeinsamen Schwerpunkt, die annähernd in der Sichtlinie vom irdischen Beobachter zum Stern liegt. Dadurch verdecken sie sich von Zeit zu Zeit gegenseitig, und es kommt – von der Erde aus gesehen – zu einer Sternfinsternis, die regelmäßig wiederkehrt. Algol ist der Prototyp einer ganzen Klasse solcher Bedeckungsveränderlichen, die deshalb auch als Algol-Sterne bezeichnet werden und von denen man gegenwärtig knapp 2000 Exemplare kennt.

Verbinden wir in Gedanken Algol im Perseus, die drei Hauptsterne der Andromeda und die hellsten Sterne des Pegasus miteinander, so entsteht eine ausgedehnte Figur, die dem Großen Wagen auffallend ähnlich sieht. Es ist der Riesenwagen – selbstverständlich kein Sternbild im eigentlichen

Sinn, sondern eine „Findhilfe“ auf den Pfaden des Himmels.

Fische und Kassiopeia

Unterhalb des Riesenwagens läßt sich ein schwach leuchtendes Sternband erkennen, das an den Buchstaben V erinnert: das Sternbild Fische.

Oberhalb des Riesenwagens hingegen finden wir ebenfalls einen Buchstaben unseres lateinischen Alphabets: das Himmels-W, das Sternbild Kassiopeia. Die unmittelbare räumliche Nachbarschaft von Andromeda, Kassiopeia und Perseus zeigt dem Kenner der griechischen Sagenwelt bereits, daß hier offenbar eine dramatische Geschichte aus der alten Sagenwelt an den Himmel versetzt wurde. Andromeda war nämlich die Tochter der Königin Kassiopeia, die

Die gewaltige Sterneninsel des Andromedanebels (M31) in rund 2,2 Mill. Lichtjahren Entfernung (100 Minuten belichtet auf Agfachrome 1000 RS Diafilm).

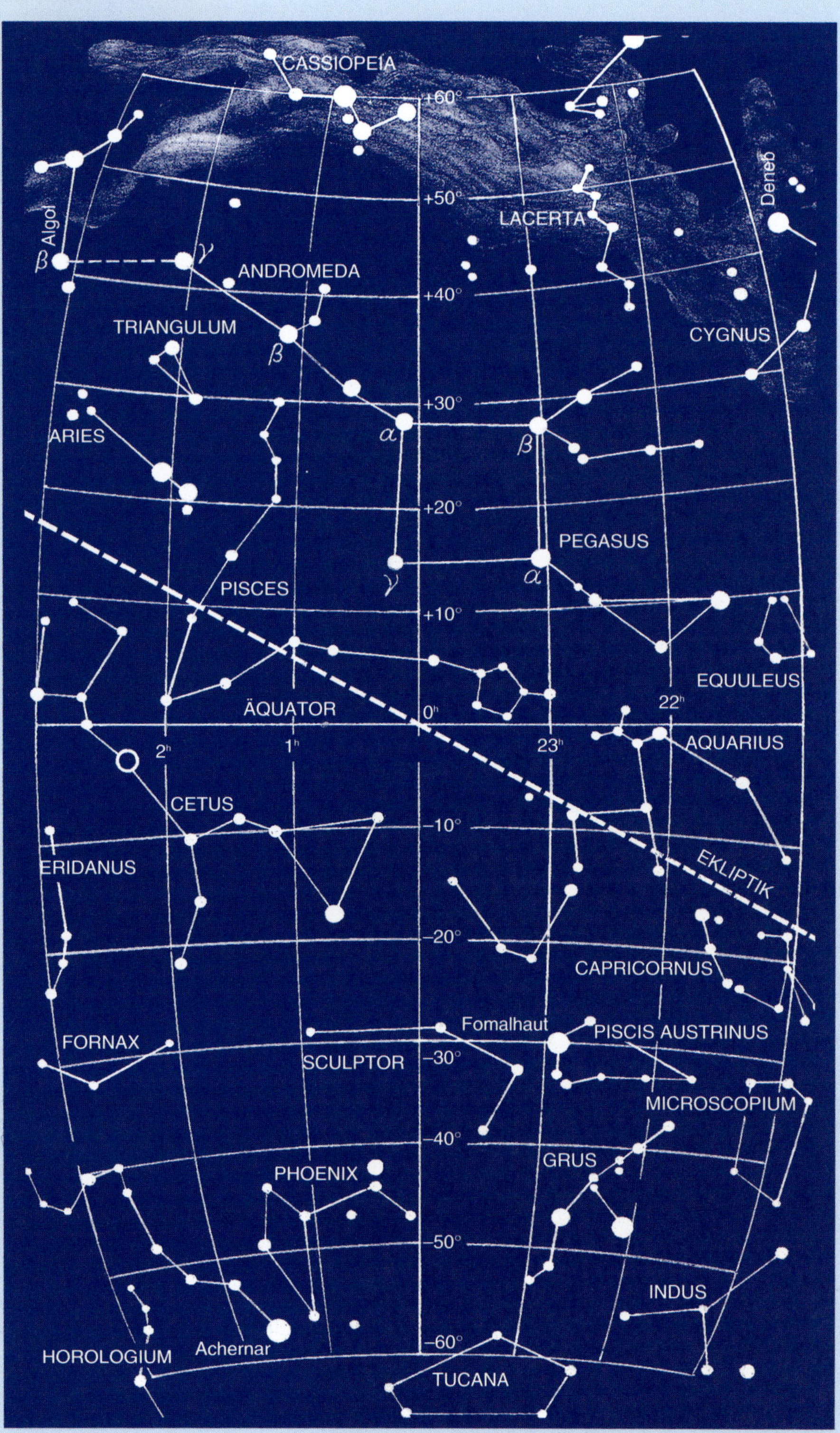

Oben: Sternbilder des Herbsthimmels.
Rechts: Sternbild Andromeda mit Andromedanebel M31.

sich für schöner hielt als die Meeresjungfrauen. Zur Strafe für diese Anmaßung sandte der Meeresgott Poseidon ein Ungeheuer, das nur zu besänftigen sein sollte, wenn es Kassiopeias Tochter als Opfer bekäme. Perseus besiegte das Meeresungeheuer und gewann Andromeda zur Frau.
In gleicher Höhe wie Kassiopeia, ein wenig westlich von ihr, haben die alten Griechen auch den Vater der Andromeda, den Äthiopierkönig Kepheus, als Sternbild verewigt.

Kepheus

In diesem Bild finden wir einen berühmten Stern, der – ebenso wie Algol – Prototyp und damit Namenspatron einer ganzen Klasse astronomischer Objekte ist: den Stern δ Cephei. Er zählt zu den veränderlichen Sternen. Im Unterschied zu Algol wird der Lichtwechsel hier jedoch nicht durch einen zweiten Stern, sondern durch Pulsationen, das heißt durch ein Aufblähen und Zusammenziehen des Sterns, herbeigeführt. Die Helligkeitsänderung vollzieht sich mit einer Periode von 5,37 Tagen und ist so beträchtlich, daß sie auch ein ungeübter Beobachter bemerken kann. Die veränderlichen Sterne des Typs δ Cephei haben eine außerordentliche Bedeutung für die astronomische Forschung, weil sich mit ihrer Hilfe die Entfernungen kosmischer Objekte bis weit in die Tiefen des Weltalls hinein bestimmen lassen. Aus sorgfältigen Beobachtungen wissen wir nämlich, daß zwischen der leicht meßbaren Lichtwechselperiode dieser Sterne und ihrer absoluten Helligkeit ein einfacher Zusammenhang besteht.

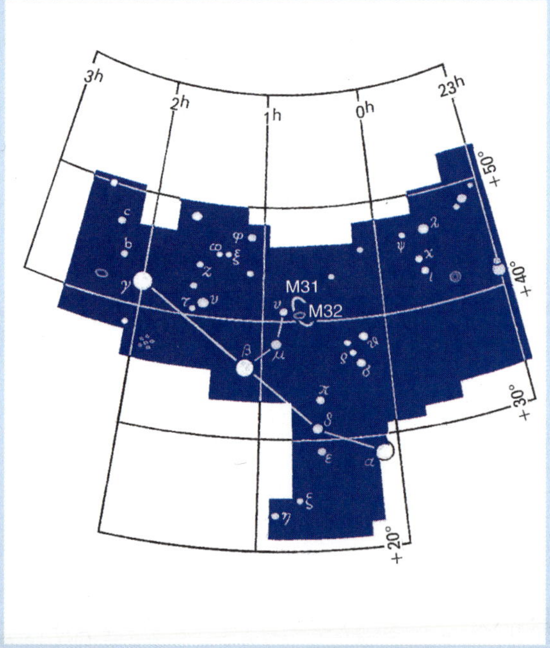

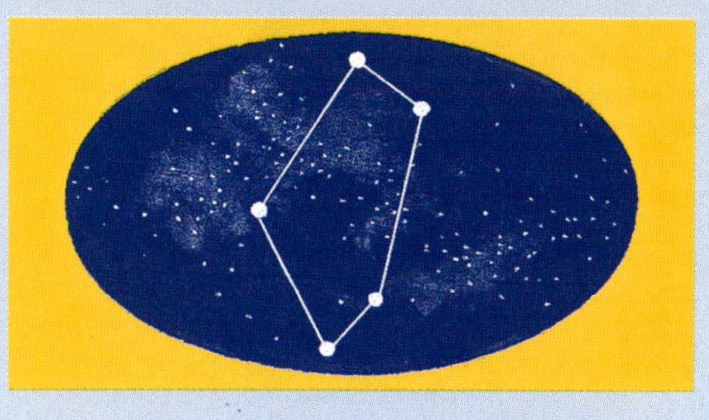

Das 1603 von dem deutschen Astronomen Johann Bayer (1572-1625) in den ersten Sternatlas des gesamten Himmels „Uranometria" eingeführte Sternbild Tukan liegt auf der südlichen Hemisphäre zwischen Phoenix und Indianer. Es gehört zu den kleineren Sternbildern und ist durch die Lage der Nachbargalaxis „Kleine Magellansche Wolke" leicht zu finden.

Sternkarten und Sternatlanten

Die in unserem Buch abgebildeten kleinen Karten dienen nur zur ersten Orientierung am Sternhimmel. Wer sich eingehender mit den Erscheinungen am Firmament beschäftigen möchte, wird mit diesen Darstellungen schon bald nicht mehr auskommen; denn sie haben zwei Nachteile: Erstens ist der Anblick des Himmels stets nur für eine bestimmte Beobachtungszeit gezeichnet. Will man ihn zu anderen Zeiten betrachten, etwa nach Mitternacht oder bereits kurz nach Einbruch der Dunkelheit, so sucht man vergebens nach den passenden Kärtchen. Zum anderen sind auf unseren Bildern nur die hellsten Sterne zu finden. Schon mit einem kleineren Fernrohr sehen wir viele Sterne, die auf den Bildchen fehlen. Schauen wir uns also nach weiteren Hilfsmitteln um, die sowohl für den Liebhaber als auch für den Fachmann entwickelt wurden und für alle denkbaren Beobachtungsaufgaben das notwendige Rüstzeug liefern.

Drehbare Sternkarten

Um den Anblick des Himmels zu jeder beliebigen Stunde des Jahres vor Augen zu haben, bedient man sich drehbarer Sternkarten. Diese sind so konstruiert, daß man durch Drehung einer beweglichen Scheibe jeweils die zu einem bestimmten Datum und zu einer bestimmten Uhrzeit sichtbaren Sterne eines Beobachtungsortes mit gegebener geographischer Breite einstellen kann. (Verzeichnis handelsüblicher dreh-

Die Große Magellansche Wolke am südlichen Sternhimmel – Begleitsystem unserer eigenen Milchstraße (20 Minuten belichtet auf Kodak Ektachrome 400 Diafilm).

Links: Anblick des Sternhimmels über dem Südhorizont:
1. Februar, 20 Uhr;
1. Januar, 22 Uhr;
1. Dezember, 24 Uhr;
1. November, 2 Uhr;
1. Oktober, 4 Uhr.
Rechts: Anblick des Sternhimmels über dem Südhorizont:
1. März, 20 Uhr;
1. Februar, 22 Uhr;
1. Januar, 24 Uhr;
1. Dezember, 2 Uhr;
1. November, 4 Uhr;
1. Oktober, 6 Uhr
(Die Zeiten beziehen sich auf MEZ, bei Gültigkeit der Sommerzeit MESZ ist jeweils eine Stunde zu addieren).

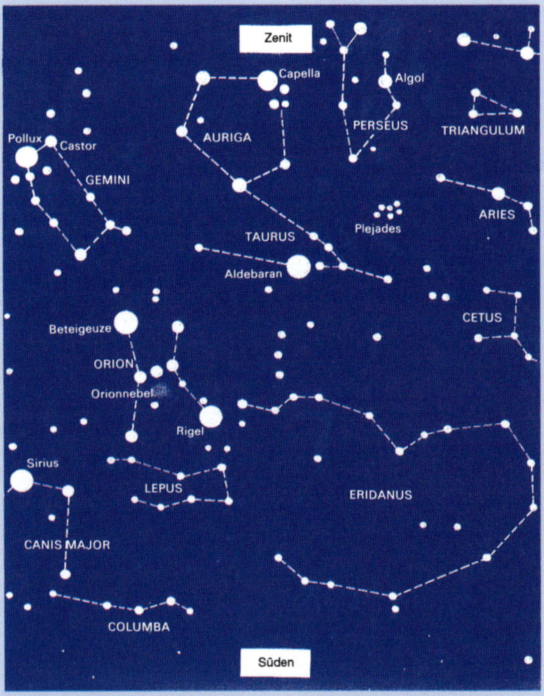

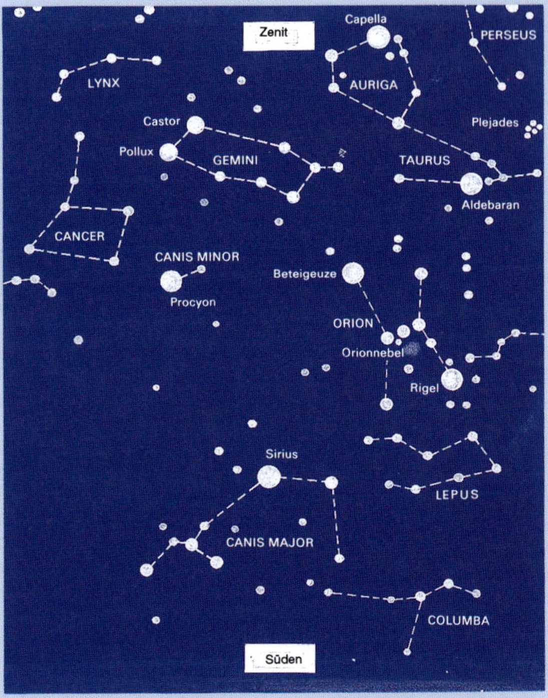

barer Sternkarten siehe S. 141). Mit dieser Seite beginnend, folgen 12 Sternkarten, die uns praktisch nahezu dieselben Dienste leisten wie eine drehbare Sternkarte, wenn wir sie mit Überlegung gebrauchen.

Atlanten

Möchte man einen Stern am Himmel auffinden oder die Bahn eines entdeckten Objekts am Himmel verfolgen, so sind Stern- oder Himmelsatlanten das geeignete Hilfsmittel. Sie bestehen aus mehreren zusammengehörenden Sternkarten, die bestimmte größere Teile des Himmels entweder zeichnerisch oder fotografisch wiedergeben. Im günstigsten Fall enthält ein Sternatlas die Topographie des gesamten Himmels. Eine solche umfassende Inventur des Himmels stellt zum Beispiel der vom Mount-Palomar-Observatorium (USA) erarbeitete „Palomar Observatory Sky Survey“ dar. Mit 935 fotografischen Aufnahmen des Plattenformats 35 x 35 cm wurde der gesamte Himmel vom Himmelsnordpol (Deklination +90°) bis zu einer

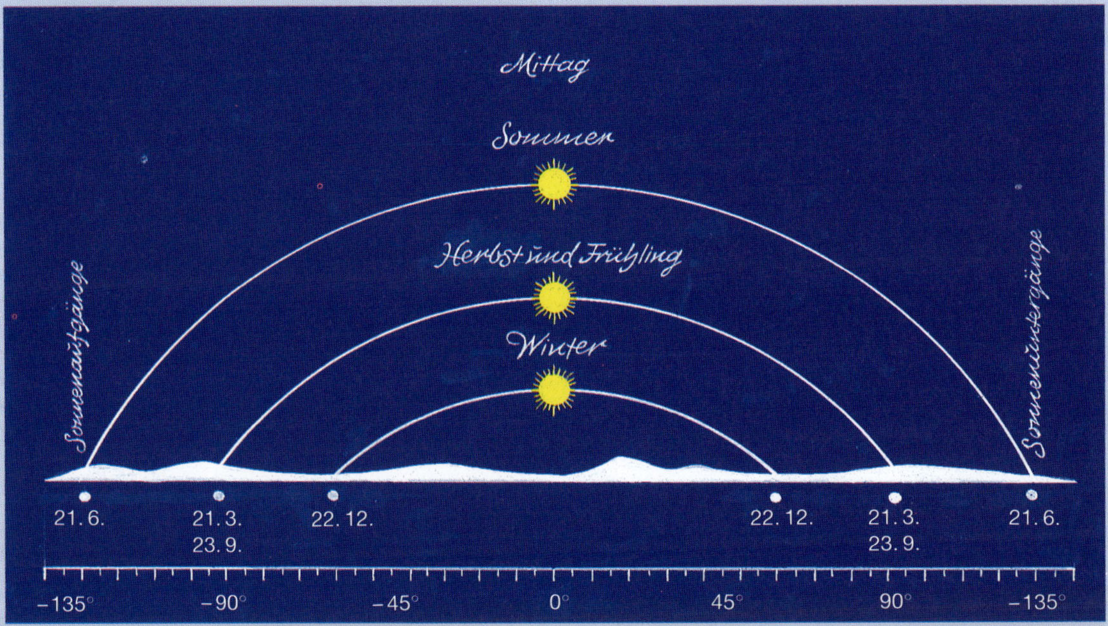

Der Tagbogen der Sonne in unseren Breiten zum Sommersanfang (oberer Bogen), zum Herbst- und Frühlingsanfang (mittlerer Bogen) und zum Wintersanfang (unterer Bogen).

Deklination von -20° überdeckt. Der Atlas enthält Sterne bis zu der extrem geringen Helligkeit von 20^{m}. Das Siding Spring Observatory in Australien und das European Southern Observatory (Europäische Südsternwarte, ESO) in Chile haben das aufwendige Unternehmen mit ähnlichen Instrumenten und annähernd gleichem Plattenmaßstab inzwischen bis zum Himmelssüdpol fortgeführt.

Für den Sternfreund ist natürlich ein derartig informationsträchtiger und entsprechend kostspieliger Atlas keineswegs erforderlich. Vielmehr wurden für den Amateur spezielle Sternatlanten entwickelt, die seinen Ansprüchen genügen und ihm ausreichende Hilfe bei der Erfüllung seiner Beobachtungsaufgaben leisten.

Zumeist beträgt die Grenzgröße der dort verzeichneten Sterne etwa 6 Größenklassen, liegt also in der Nähe der mit bloßem Auge gerade noch sichtbaren Sterne. Bekannt ist z. B. der in mehreren Auflagen erschienene „Sternatlas (1975.0)" von S. Marx/W. Pfau (siehe Bibliographie). Er besteht aus Kartenblättern des Formats 24 x 32 cm. 14 dieser Blätter zeigen im wesentlichen die bei uns sichtbaren Sterne und erstrecken sich über eine Sphäre, die vom Himmelsnordpol bis zu 35° südlicher Deklination reicht. Die Grenzgröße der enthaltenen Sterne beträgt 6^{m},0. Eine besondere Karte bildet den „Rest des Himmels" von -24° Deklination bis zum Himmelssüdpol in kleinerem Maßstab ab. Bei den großen Hauptkarten entsprechen einem Millimeter auf der Karte jeweils 1/4° am Himmel, das heißt der Hälfte des Vollmonddurchmessers. Drei weitere Karten zeigen besondere Objekte, die auch für den Sternfreund Bedeutung besitzen, in größerem Maßstab: die Plejaden im Sternbild Stier, die Praesepe im Krebs und eine Gegend im Sternbild Haar der Berenike. Wir finden hier überdies weitaus schwächere Sterne eingezeichnet, zum Teil bis zur Helligkeit 14^{m},5, so daß die Anzahl der abgebildeten Objekte recht groß ist. Da ein beigefügtes Verzeichnis die Helligkeiten von vielen dieser Sterne angibt, läßt sich mühelos feststellen, bis zu welcher Grenzhelligkeit man unter bestimmten Bedingungen mit Hilfe eines optischen Geräts vorzudringen vermag oder welche Helligkeit man auf einer belichteten fotografischen Platte noch erreicht.

Für den Sternfreund erweisen sich außerdem die Klarsichtfolien, die über den Kar-

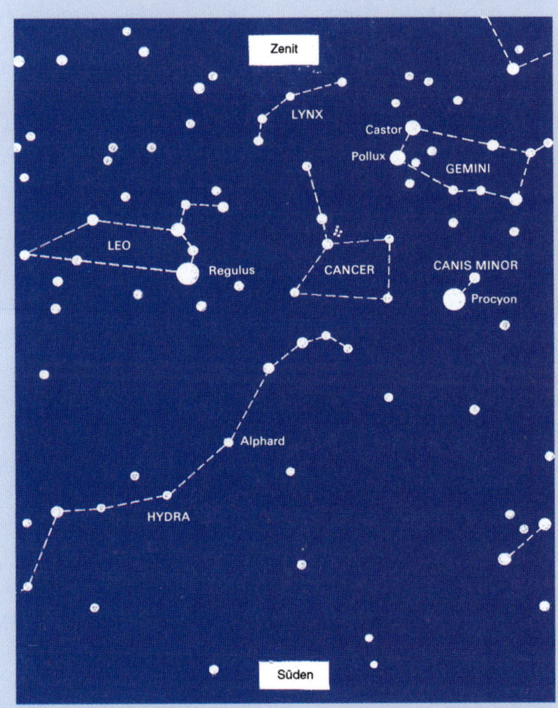

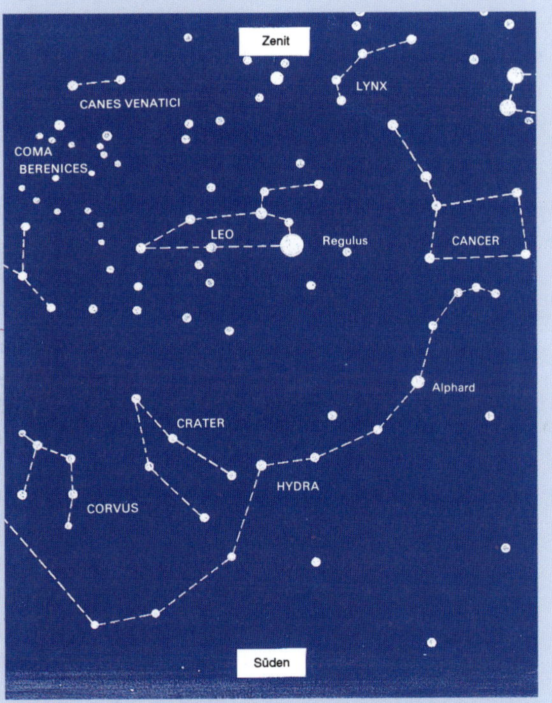

Links: Anblick des Sternhimmels über dem Südhorizont:
1. April, 20 Uhr;
1. März, 22 Uhr;
1. Februar, 24 Uhr;
1. Januar, 2 Uhr;
1. Dezember, 4 Uhr;
1. November, 6 Uhr.
Rechts: Anblick des Sternhimmels über dem Südhorizont:
1. Mai, 20 Uhr;
1. April, 22 Uhr;
1. März, 24 Uhr;
1. Februar, 2 Uhr;
1. Januar, 4 Uhr;
1. Dezember, 6 Uhr.

Links: Anblick des Sternhimmels über dem Südhorizont:
1. Mai, 22 Uhr;
1. April, 24 Uhr;
1. März, 2 Uhr;
1. Februar, 4 Uhr;
1. Januar, 6 Uhr.
Rechts: Anblick des Sternhimmels über dem Südhorizont:
1. Juni, 22 Uhr;
1. Mai, 24 Uhr;
1. April, 2 Uhr;
1. März, 4 Uhr;
1. Februar, 6 Uhr.

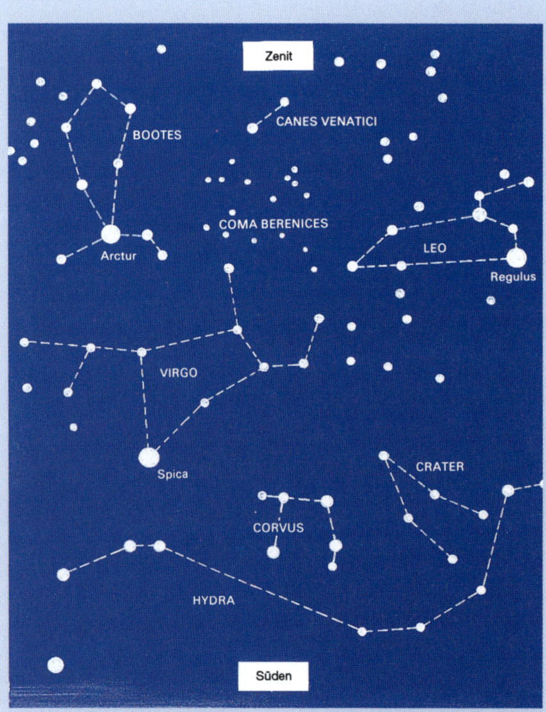

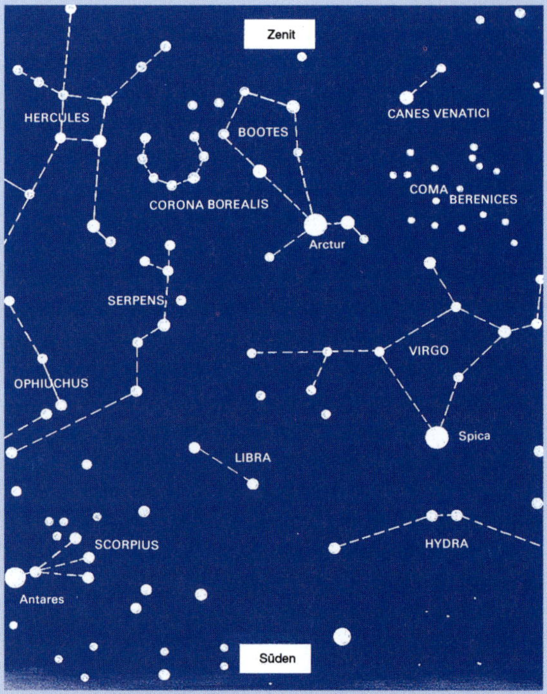

ten liegen, auf denen die unmittelbare Umgebung der Ekliptik dargestellt ist, als sehr nützlich. Da die Planeten alle nahezu in der Ekliptik umlaufen, kann man die Bewegungen solcher Objekte unter den Sternen einzeichnen, ohne die Karte selbst zu verschmieren oder zu beschädigen.

Auch der „Atlas Coeli" (lat. coelum = Himmel) des Astronomen Antonin Bečvar, der ebenfalls bis zu einer Grenzgröße von $6^m,0$ reicht, wurde für den Amateur entwickelt.

Den Atlas ergänzt ein umfassender Katalog, in dem der Sternfreund zahlreiche Daten über die verschiedenen Objekte nachschlagen kann, wie Temperaturen, Entfernungen und Massen.

Ohne Vollständigkeit anzustreben sei schließlich sei noch der „Photographische Sternatlas" von Hans Vehrenberg erwähnt, bekannt als „Falkauer Atlas", der bis zu einer Grenzgröße von 13^m vordringt und ein wichtiges Hilfsmittel für den

Links: Anblick des Sternhimmels über dem Südhorizont:
1. Juli, 22 Uhr;
1. Juni, 24 Uhr;
1. Mai, 2 Uhr;
1. April, 4 Uhr;
1. März, 6 Uhr.
Rechts: Anblick des Sternhimmels über dem Südhorizont:
1. September, 20 Uhr;
1. August, 22 Uhr;
1. Juli, 24 Uhr;
1. Juni, 2 Uhr;
1. Mai, 4 Uhr.

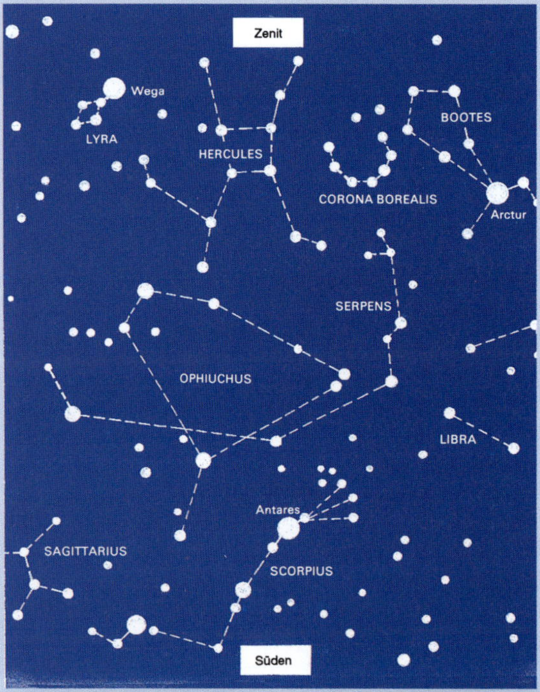

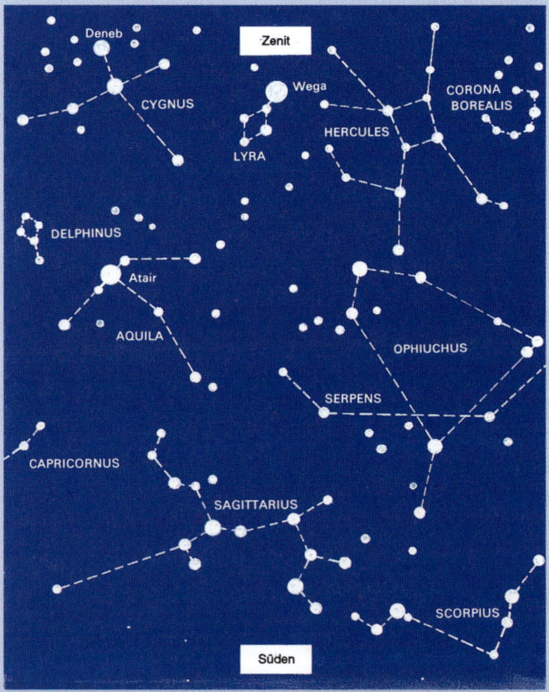

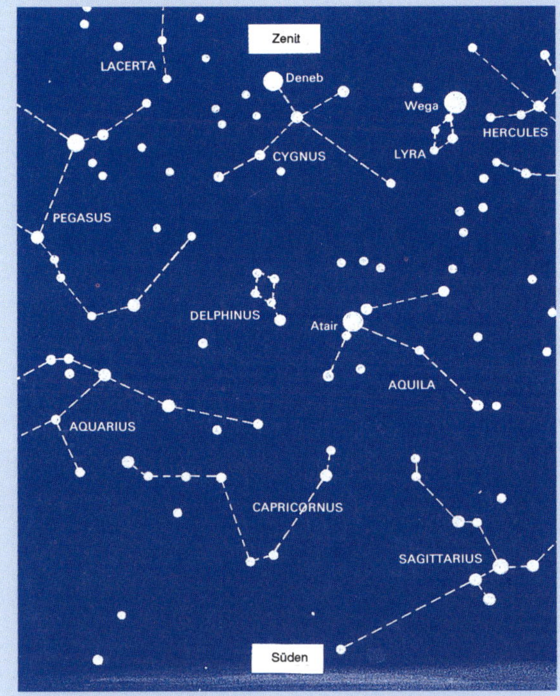

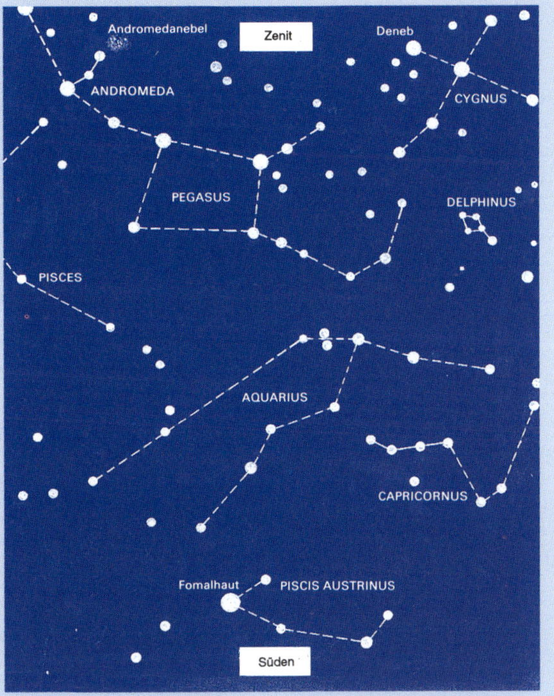

Links: Anblick des Sternhimmels über dem Südhorizont:
1. November, 18 Uhr;
1. Oktober, 20 Uhr;
1. September, 22 Uhr;
1. August, 24 Uhr;
1. Juli, 2 Uhr;
1. Juni, 4 Uhr.
Links: Anblick des Sternhimmels über dem Südhorizont:
1. Dezember, 18 Uhr;
1. November, 20 Uhr;
1. Oktober, 22 Uhr;
1. September, 24 Uhr;
1. August, 2 Uhr;
1. Juli, 4 Uhr.

anspruchsvollen, fortgeschrittenen Amateur darstellt.
Nicht alle diese Werke sind ständig käuflich zu erwerben. Hier sei die Beratung durch den Buchhändler empfohlen. Auch die Mitarbeiter von Volkssternwarten, Sternfreunde-Vereinigungen oder Planetarien werden gern Auskunft über das jeweils aktuelle Verlagsangebot geben (siehe auch Bibliographie). Außerdem gibt es zumindest in allen größeren Städten mehr oder weniger große Bibliotheken, in denen man erst einmal in aller Ruhe anschauen kann, was es an einschlägiger Literatur gibt.
Natürlich sollte man sich davor hüten, Geld für komplizierte Kartenwerke zu investieren, ehe man sie nicht wirklich benötigt. Indem man mit kleineren Beobachtungsaufgaben in das neue Hobby einsteigt, merkt man bald von selbst, wann der Augenblick gekommen ist, sich mit weiterreichendem Rüstzeug zu versehen.

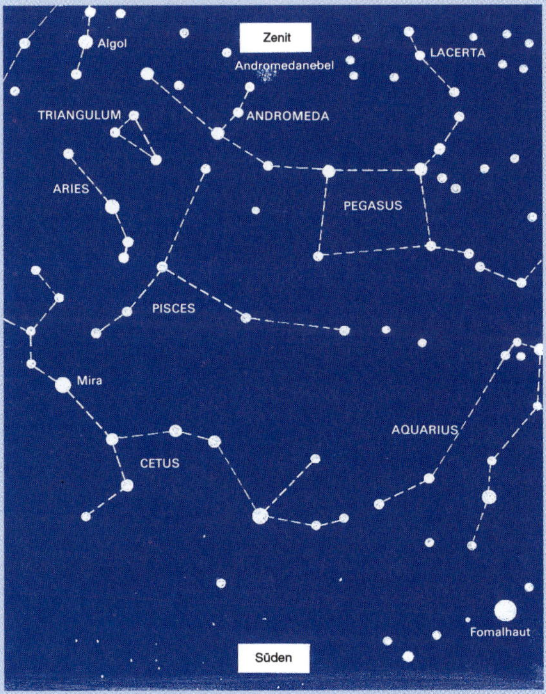

Links: Anblick des Sternhimmels über dem Südhorizont:
1. Januar, 18 Uhr;
1. Dezember, 20 Uhr;
1. November, 22 Uhr;
1. Oktober, 24 Uhr;
1. September, 2 Uhr;
1. August, 4 Uhr.
Rechts: Anblick des Sternhimmels über dem Südhorizont:
1. Januar, 20 Uhr;
1. Dezember, 22 Uhr;
1. November, 24 Uhr;
1. Oktober, 2 Uhr;
1. September, 4 Uhr.

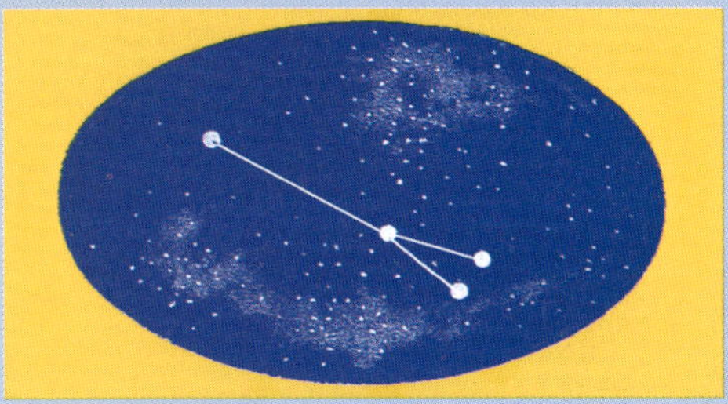

Nach der griechische Mythologie ist es der Pfeil, mit dem Herkules den Adler traf, der täglich an der Leber des Prometheus herumhackte. Das kleine Sternbild „Pfeil“ liegt am Nordrand des Adlers in der Milchstraße und ist ein Sommersternbild.

Auf den Spuren antiker Himmelsforscher

Die Freude am Beobachten des Himmels, am Erkennen grundlegender Zusammenhänge, am Entdecken des Weltalls ist keineswegs an großen technischen Aufwand gebunden. Linsenfernrohre und Spiegelteleskope gelten zwar heute als Inbegriff der Technik moderner Kosmosforschung – und dies zweifellos zu Recht –, aber sind sie darum eine unverzichtbare Voraussetzung der Wissenschaft von den Sternen?

Himmelskunde ohne Fernrohr

Es besteht heute kein Zweifel daran, daß die Astronomie mindestens auf das ehrwürdige Alter von etwa 3 000 Jahren zurückblicken kann. Und sicherlich gab es auch vorher schon Beobachtungen des Himmels, tastende Versuche einer Orientierung unter den Himmelserscheinungen, die aber noch keine wissenschaftlichen Züge trugen. Das Fernrohr wurde erst zu Beginn des 17. Jahrhunderts erfunden, und die ersten damals heißumstrittenen wissenschaftlichen Himmelsbeobachtungen stammen aus dem Jahr 1609 und wurden von Galileo Galilei ausgeführt.

Große Namen begegnen uns in der vorteleskopischen Zeit – Namen, die auch der weniger Bewanderte schon gehört hat: Hipparch, Ptolemäus, Regiomontanus, Purbach, Kopernikus, Cusanus, Tycho Brahe und andere. Sie alle haben für die wissenschaftliche Erfassung der uns umgebenden kosmischen Weiten grundlegende Erkenntnisse gewonnen, ohne sich dabei der Hilfe des Fernrohrs bedienen zu können. Beweis genug, daß die Teleskope für den Liebhaber des gestirnten Himmels keine unabdingbare Voraussetzung für die Ausübung seines Hobbys sind. Gewiß, zu neuen Erkenntnissen wird man heute ohne Fernrohr nicht mehr gelangen, aber Anregung zum Nachdenken über den Kosmos und den mühevollen geschichtlichen Weg seiner Erforschung gewähren uns auch Beobachtungen mit dem bloßen Auge.

Größe der Welt?

Was dachten die Alten über die Größe der Welt? In dieser Frage liegt ein wesentliches Problem aus den Anfangszeiten der Astronomie verborgen. Denn die mythologische Vorstellung, daß die eigentliche Welt die scheibenförmige Erde sei, von unendlich weit sich erstreckenden Wassern eines Weltozeans umschlossen, und über der sich der Zierat des Himmels wölbt, ist keine wissenschaftliche Erkenntnis. Auch die elementare Beobachtung, daß es unter den leuchtenden Lichtpünktchen des Himmels solche gibt, die ihre Stellung zueinander immer beibehalten (Fixsterne), und solche, die sich mit unterschiedlichen Geschwindigkeiten vor dem Hintergrund der anderen Sterne weiterbewegen (Planeten), kann noch nicht als wissenschaftliche Erkenntnis bezeichnet werden.

Gesetz der Reihenfolge

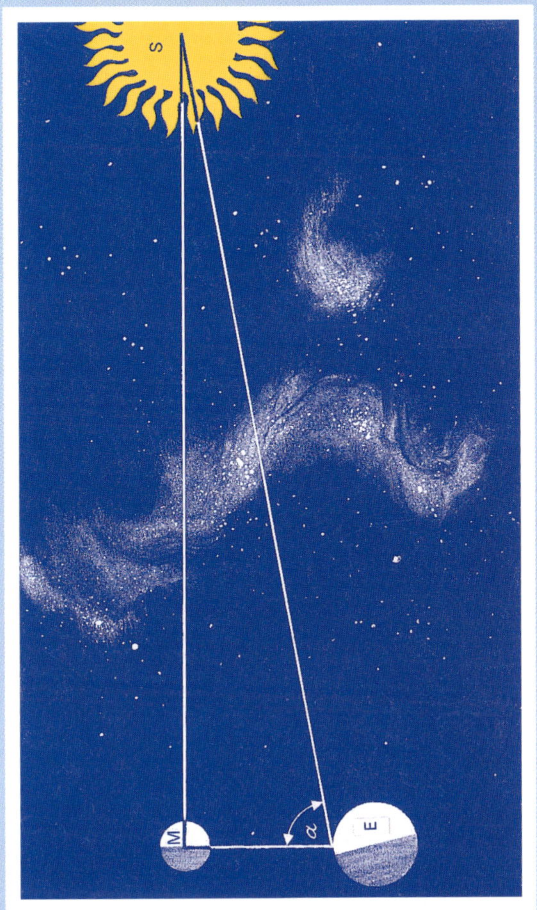

Das Dreieck des Aristarch. Der Winkel Alpha bestimmt das Verhältnis von ME zu SE.

Ganz anderen Charakter hingegen besitzt die Frage der griechischen Denker, warum die verschiedenen Wandelsterne sich unterschiedlich rasch bewegen. Die daran geknüpfte Vermutung, daß die Planeten unterschiedlich weit von der im Mittelpunkt gedachten Erde entfernt stünden, hat bereits eine wissenschaftliche Grundlage. Diese Vermutung ist nämlich nur möglich durch die Verknüpfung einer einfachen Gestirnbeobachtung mit auf der Erde gewonnenen Erfahrungen. Diese besagen, daß gleich schnell bewegte Körper um so langsamer fortzulaufen scheinen, je weiter sie sich vom Beobachter entfernt befinden. Somit kann man aus diesem von Aristoteles (384 – 322 v. Chr.) formulierten „Gesetz der Reihenfolge" eine Abstandsfolge der Planeten konstruieren. Der am schnellsten laufende „Wandelstern", der Mond, muß demnach auch der Erde am nächsten stehen. Sodann kommen die Sonne mit Merkur und Venus, Mars, Jupiter und Saturn. Schwierigkeiten bereitete lediglich die Frage nach den Abständen von Merkur und Venus; denn diese Planeten haben nach dem Gesetz der Reihenfolge automatisch denselben Abstand wie unser Tagesgestirn, da sie sich mit derselben Winkelgeschwindigkeit um den gesamten Himmel bewegen wie die Sonne, während sie ansonsten um deren Position nur herumpendeln. Die Ursache dieses Verhaltens liegt darin, daß es sich bei Merkur und Venus um Planeten handelt, die sich innerhalb der Erdbahn um die Sonne bewegen. Doch das ist erst eine Erkenntnis des Kopernikus. Die antiken Denker vermochten deshalb den Abstand dieser Planeten unter Verwendung des Gesetzes der Reihenfolge nicht zu klären. Ptolemäus ordnete sie so an, daß dem Mond zunächst Merkur, dann Venus und danach die Sonne folgt. Er meinte nämlich, daß unterhalb der Sonne kein sinnloser leerer Raum vorkommen könne, und paßte darum die beiden Planeten ihrer Bewegung an. Dazu griff er auf die Abstände von Sonne und Mond zurück, die bereits zuvor durch Aristarch von Samos (etwa 320 – 250 v. Chr.) beziehungsweise Hipparch aus Nicäa (um 190 – 125 v. Chr.) als Ergebnis scharfsinniger Überlegungen bestimmt worden waren.

Für unsere Vorstellungen von der Welt, insbesondere der Stellung der Erde im Universum, sind Fragen der Entfernungsbestimmung kosmischer Körper stets von großer Bedeutung gewesen. In der gesamten Geschichte der Astronomie gibt es keine Epoche, in der diese Probleme am Rand gelegen hätten.

Auch heute, im Zeitalter multinational betriebener moderner Observatorien und der Weltraumfahrt spielen Distanzen nach wie vor eine entscheidende Rolle. Allerdings geht es nicht mehr um Sonne, Mond und Planeten, sondern hauptsächlich um jene gewaltigen Sternsysteme, die wir als Galaxien bezeichnen.

Der berühmte Uhren-Turm in Venedig – Sinnbild der aus der Bewegung der Himmelskörper abgeleiteten Zeitmessung.

Entfernung zur Sonne

Wie hatten nun diese beiden Meister der antiken Astronomie das Kunstwerk fertiggebracht, die Entfernungen der Himmelskörper Sonne und Mond zu ermitteln?
Eine Länge zu messen heißt nichts anderes, als sie mit anderen Distanzen zu vergleichen. Gewöhnlich sind die Vergleichslängen dabei wohldefiniert und in Form von Maßstäben aufbewahrt. So messen wir heute Entfernungen auf der Erde in Metern und den davon abgeleiteten Einheiten, vom Millimeter bis zum Kilometer. Im allgemeinen wird der Maßstab dabei direkt an die zu messende Länge angelegt. Das ist natürlich bei der Messung kosmischer Distanzen nicht möglich. Außerdem konnte man in der Antike eine kosmische Entfernung auch noch nicht in „irdischen" Längeneinheiten angeben.
Vielmehr mußte sich Aristarch damit begnügen, die Entfernung der Sonne in Einheiten der Mondentfernung oder – was dasselbe bedeutet – die Mondentfernung in Bruchteilen der Sonnenentfernung anzugeben. Schon dies war eine großartige Leistung. Der geniale Grundeinfall von Aristarch bestand darin, daß er aus den verschiedenen Stellungen, die Sonne, Mond und Erde im Verlauf eines Monats zueinander einnehmen, eine solche auswählte, die der damaligen Dreiecksberechnung zugänglich war und somit gestattete, aus einem Meßwert andere, unbekannte Größen des entsprechenden Dreiecks zu berechnen. Dies ist jeweils im ersten oder letzten Viertel des Mondes, das heißt bei zunehmendem oder abnehmendem Halbmond, der Fall. Dann ergeben nämlich Mond, Erde und Sonne ein rechtwinkliges Dreieck. Modern formuliert, gilt es, den Kosinus des zu messenden Winkels zu bilden. Er stellt das Verhältnis der Mondentfernung zur Sonnenentfernung dar. Nun war zur Zeit des Aristarch die Lehre von der Berechnung der Dreiecke, die Trigonometrie, noch nicht so weit entwickelt, daß er einfach den Kosinus bilden konnte, aber im Prinzip entspricht seine Lösung diesem Ansatz.

Zwei Schwierigkeiten

Zwei Schwierigkeiten grundsätzlicher Art haben wir allerdings zu bedenken, wenn wir das Ergebnis dieser historisch frühesten Messung von kosmischen Distanzen richtig einschätzen wollen: Es gilt erstens, den genauen Zeitpunkt der Halbphase zu „erwischen", die man auch Dichotomie nennt, weil nur dann die Bedingung des rechtwinkligen Dreiecks erfüllt ist. Die Feststellung der Dichotomie wird noch dadurch erschwert, daß wir für unsere Messung den Mond nicht am dunklen Himmel betrachten können, sondern zu einem Zeitpunkt, da sich Sonne und Mond gleichzeitig über dem Horizont befinden. Zweitens ist es nicht einfach, den Winkel zwischen Sonne und Mond in diesem Augenblick genau zu bestimmen. Wegen der raschen Bewegung des Mondes hat man auch nur wenig Zeit für die Messung zur Verfügung.
Welches Ergebnis erhielt nun Aristarch? Er fand, daß die Sonne 19mal so weit von der Erde entfernt steht wie der Mond. Vergleichen wir dieses Ergebnis mit dem tatsächlichen Verhältnis der mittleren Entfernungen Erde – Mond zu Erde – Sonne,

so können wir uns einer Enttäuschung nicht erwehren: es beträgt nämlich 1 : 389. Aber angesichts der außerordentlichen Schwierigkeiten sollten wir gerecht bleiben und es Aristarch als ein bedeutsames historisches Verdienst anrechnen, als erster messend in den kosmischen Raum vorgedrungen zu sein.
Weniger verständlich, aber für die Haltung der Wissenschaftler jener Zeit charakteristisch, ist die Tatsache, daß Jahrhunderte hindurch niemand diese Messung wiederholt, verbessert oder kritisiert hat. Vielmehr wurde das Ergebnis von Aristarch rund 18 Jahrhunderte als richtig angesehen. Erst 1650 hat der Astronom Gottfried Wendelin (1580 – 1667) die Messung mit besseren Hilfsmitteln wiederholt und eine unvergleichlich größere Sonnenentfernung gefunden.

Entfernung zum Mond

Erheblich genauer gelang in der Antike die Bestimmung der Entfernung des Mondes. Einer der Gelehrten, denen wir diese Messung verdanken, ist der erwähnte Hipparch. Er kam zu dem Ergebnis, daß der Mond 59 Erdradien von der Erde entfernt stehe. Der moderne Wert für die mittlere Mondentfernung weicht mit 60,4 Erdradien nur unwesentlich von dem Ergebnis des Hipparch ab.
Die Richtigkeit des von Aristarch gemessenen Verhältnisses zwischen Sonnen- und Mondentfernung angenommen, konnte man nun auch die Sonnenentfernung in Erdradien angeben. Sie mußte 19 x 59 Erdradien = 1 121 Erdradien betragen.

Modell der Welt: Claudius Ptolemäus

Während manche Gelehrte sich mit der Ermittlung von Daten über kosmische Objekte beschäftigten, widmeten sich andere grundsätzlichen Problemen: Was ist eigentlich dieser ganze Himmel mit seinen regelmäßig, aber doch recht kompliziert ablaufenden Bewegungen?
Ein erstes historisch bedeutsames Resultat ist das geozentrische Weltsystem, das wir in dem berühmten Buch „Almagest“ des Claudius Ptolemäus niedergelegt finden. Dort werden alle Bewegungen der verschiedenen Himmelskörper unter der Voraussetzung beschrieben, daß die Erde in der Mitte der Welt stünde. Um nun aber die eigenartigen Bewegungen der Planeten zu erklären, wie man sie am Himmel beobachtete, konnte man keineswegs einfach annehmen, alle diese Himmelskörper

Darstellung des geozentrischen Weltsystems auf der Titelseite von Georg Peurbachs „Theoreticae novae planetarum“ (Nürnberg 1515).

Ptolemäus war auch ein bedeutender Geograph. Davon zeugt u.a. diese Ptolemäische Weltkarte von Nicolaus Germanus (Florenz 1550).

drehten sich um die Weltmitte. Wie sollte man dann verstehen, warum sich die Planeten unter den Fixsternen bald entgegen, bald in Richtung der scheinbaren Himmelsdrehung bewegten? Man mußte schon ein komplizierteres Modell ersinnen. An diesem Werk haben viele mitgearbeitet, und Ptolemäus hat es vollendet. Im wesentlichen benutzte er raffiniert ausgedachte Hilfskreise, auf denen sich die Planeten so bewegen sollten, daß insgesamt gerade die Bewegungen herauskommen, die man am Himmel tatsächlich feststellen kann.

Das große Werk, in dem alle diese Ergebnisse mit höchster Meisterschaft dargestellt sind, erschien in deutscher Übersetzung unter dem Titel „Handbuch der Astronomie" (siehe Bibliographie), und wer es zur Hand nimmt, wird erstaunt sein über die scharfsinnigen und komplizierten Überlegungen, mit denen die Gelehrten einst arbeiteten – ohne Fernrohr!

Das Modell der Welt, das uns aus der Antike überliefert wurde, behauptete sich aus verschiedenen Ursachen außerordentlich lange. Ein schwergewichtiger Grund liegt natürlich in der für jedermann sichtbaren Übereinstimmung dieses Bildes mit dem Augenschein. Dieser läßt uns selbst heute noch im Stich, wenn wir die tatsächlichen Bewegungsverhältnisse verstehen wollen. Denn von einer Bewegung der Erde um ihre Achse bemerken wir direkt nichts. Auch die Bewegung der Erde um die Sonne vollzieht sich ohne die von Fahrzeugen bekannten Nebenwirkungen. Die kosmischen Bewegungen laufen eben reibungsfrei ab. Keine Straße oder Schiene führt die Himmelskörper auf ihrer Bahn, und so ziehen sie still ihren Weg, einzig durch das

Band der Anziehungskraft an die Objekte gebunden, um die sie sich bewegen: die Monde um die Planeten, die Planeten um die Sonne und die Sonne um das Zentrum des ganzen Sternsystems.

Die Erde – ein bewegter Körper?

Dennoch gab es schon im Altertum Forscher, die diesem Augenschein mißtrauten. So vertrat Aristarch die Meinung, daß die Erde ein bewegter Körper sei, der nicht in der Mitte der Welt stünde. Die erwähnten Entfernungsmessungen haben wohl dazu beigetragen, daß er zu dieser Auffassung gelangte. Seine Messungen zeigten ihm, daß die Sonne viel weiter von der Erde entfernt ist als der Mond; andererseits sehen Sonne und Mond am Himmel aber gleich groß aus, das heißt, sie besitzen denselben scheinbaren Durchmesser. Daraus folgt, daß die Sonne in Wirklichkeit viel größer sein muß als der Mond.

Die Sonne als Mittelpunkt?

Aristarch erschien es deshalb weit überzeugender, daß dieser riesige hellstrahlende Körper im Zentrum der Welt stehe. Aber seine Lehre konnte sich nicht durchsetzen. Dies hing vor allem damit zusammen, daß Aristarchs Weltbild nichts weiter als eine einfache Umkehrung, ein ebenfalls mögliches, dem geozentrischen aber in mehrerer Hinsicht unterlegenes Modell darstellte. Irdische Gegenstände konnten sich nur unter dem Einfluß von Kräften bewegen. Himmelskörper bewegten sich scheinbar ohne das Wirken von Kräften. Hieraus ergab sich ein scheinbar prinzipieller Unterschied zwischen Himmel und Erde, wie ihn Ptolemäus in seinem Weltbild lehrte, während Aristarch ihn leugnete. Das entscheidende Argument *für* Ptolemäus und damit *gegen* Aristarch ergab sich aber aus einer beeindruckenden Leistung der geozentrischen Lehre: mit Hilfe seiner ausgeklügelten Kreise und Aufkreise gelang es Ptolemäus gleichsam, in die Zukunft zu schauen, die Örter der Planeten im voraus zu berechnen.

Ein Astrolabium aus der Werkstatt des Astronomen Regiomontanus, Nürnberg 1468. Mit diesem Vorläufer der heutigen drehbaren Sternkarte konnte man den Himmelsanblick für verschiedene Daten und Tageszeiten einstellen. Das Astrolabium wurde bereits in der Antike erfunden.

Davon konnte bei Aristarch keine Rede sein. Ein Fernrohr hatten natürlich beide nicht. Und sogar der größte Fortschritt in der Astronomie rund 1 500 Jahre nach Ptolemäus kam noch ohne Fernrohr zustande: die Lehre des Nikolaus Kopernikus von der Mittelpunktstellung der Sonne. Kurzum: Vom ersten Erstaunen über die funkelnden „Zierden" des Himmels bis zu der grundlegenden Erkenntnis, daß die Sonne sich im Zentrum des Planetensystems befindet, die Erde ein Planet wie alle anderen Planeten ist und die Fixsterne viel weiter entfernt stehen als diese, war der Mensch auf das ihm von der Natur gegebene Auge angewiesen.
Einfache Visier- und Peilinstrumente, aufmerksame Beobachtung und kluge Auswertung können uns also bereits eine Fülle von Einsichten vermitteln. Es wäre deshalb auch nicht richtig, dem Sternfreund von heute zu sagen: Baue oder kaufe dir erst ein Fernrohr, ehe du mit astronomischen Beobachtungen beginnst. Die folgenden Hinweise sollen vielmehr zeigen, wieviel

Nach Ptolemäus steht die Erde im Mittelpunkt des Universums. Die nebenstehende Grafik zeigt das geozentrische Weltsystem.

Freude und Erkenntnis es bringt, auf den Spuren der antiken Himmelsforscher zu wandeln und ihre Entdeckungen gleichsam zu wiederholen, auch wenn man damit keine Weltbilder einreißen kann.

Praktische Experimente

Historischen Forschungswegen durch praktische Experimente nachzugehen, ist einer der aktivsten Zugänge, die man sich zur Geschichte einer Wissenschaft verschaffen kann, ob es sich nun um Versuche aus der Antike oder um solche erst vergangener Jahrhunderte handelt. Man gewinnt aus eigenem Erleben Einsicht in die Wege des Erkennens und man kann das Denken unserer Ahnen besser verstehen.

Sphaera Armillaris Copernicana (1711). Diese bewegliche Darstellung des heliozentrischen Systems stellt einen Vorläufer der heutigen Planetarien dar.

Astronomie für Einsteiger

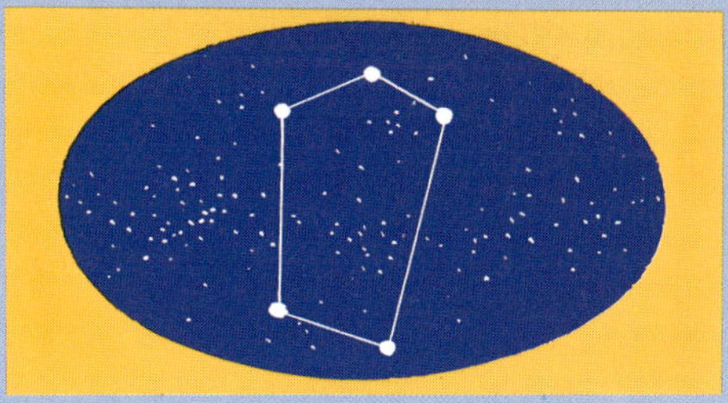

Das 1752 von dem französischen Astronomen Nicolas Louis de Lacaille (1713-1762) eingeführte Sternbild Mikroskop gehört zur südlichen Hemisphäre. Es liegt neben dem Bild Kranich.

Natürlich könnten wir das Datum des heutigen Tages ganz einfach bestimmen, indem wir uns eine Tageszeitung kaufen und ihr diese Angabe entnehmen. Aus Freude am Beobachten wollen wir es uns aber etwas schwerer machen und zur Ermittlung des Datums – unter Berücksichtigung der Sommerzeit – die größte Sonnenhöhe des Tages messen. Wegen ihrer scheinbaren Bewegung entlang dem Tierkreis nimmt die Sonne für jeden Ort der Erdoberfläche nur zweimal im Jahr mittags dieselbe Höhe über dem Horizont ein, und eine gute Höhenmessung wird es daher mit ziemlicher Sicherheit gestatten, das jeweilige Datum festzustellen. Um aus den zwei möglichen Daten das zutreffende auszuwählen, benötigen wir allerdings noch die Kenntnis der Jahreszeit, zu der wir die Messung durchführen. Außerdem bedienen wir uns einer Reihe von Hilfsmitteln, die dem modernen Amateur zur Verfügung stehen, in der Antike jedoch fehlten. Wir machen es uns also viel einfacher – um so größer wird unsere Hochachtung vor den Leistungen der Alten sein.

Wir bestimmen ein Datum

Zum Messen der Sonnenhöhe benötigen wir einen Schattenstab, das wohl älteste und einfachste aller astronomischen Instrumente: ein senkrecht in die Erde gesteckter Stab. Stellen wir uns ein Gerät vor, bestehend aus einem Stab von 150 cm Länge auf einer Grundplatte, einem nicht zu dünnen Holzbrett mit der Fläche 20×30 cm, in der der Stab in einer Bohrung befestigt ist.

Der Schattenstab besteht aus Rundaluminium mit einer angedrehten Spitze. Die Stablänge und die Maße der Grundplatte sind auf Sonnenhöhenmessungen um die Zeit des Frühlings- und Herbstanfangs berechnet. Für Messungen während der Sommermonate sollte der Stab wegen des kürzeren Schattens als Folge des höheren Sonnenstands länger sein, damit die Messungen nicht zu ungenau werden. Für Messungen während der Wintermonate hingegen empfiehlt sich ein kürzerer Stab.Um das Instrument möglichst bequem handhaben zu können, bringen wir an der Unterseite der Grundplatte ein Gewindestück an, das die Verwendung des Schattenstabs auf einem Fotostativ gestattet.

Wasserwaage und Lot

Natürlich müssen wir dafür sorgen, daß der Schattenstab während der Messung genau senkrecht auf der Grundplatte steht und die Grundplatte horizontal ausgerichtet ist.

Aus dem Weltall erreichen uns unter anderem auch elektromagnetische Wellen im sogenannten Radiobereich. Mit gewaltigen Parabolspiegeln aus Metall werden sie gebündelt. Solche Radioteleskope helfen uns, das Weltall in seiner Ganzheit besser zu verstehen. Unser Bild zeigt das Areal des Nationalen Radioastronomischen Observatoriums in New Mexico, USA.

Hierzu verwenden wir eine Wasserwaage und ein kleines Lot, das unmittelbar am Schattenstab angebracht ist. Auf der Grundplatte befestigen wir ein Blatt weißes Papier, damit wir die Spitze des Schattens jeweils markieren und später auswerten können.

Etwa 90 Minuten vor dem Durchgang der Sonne durch die Südrichtung, den Meridian, beginnen wir mit unseren Messungen. Dazu beobachten wir den Schatten des Stabes und zeichnen die Endpunkte in Abständen von jeweils etwa 5 Minuten auf das Blatt. Außerdem notieren wir die Zeit. Etwa 90 Minuten nach dem Durchgang der Sonne durch die Südrichtung beenden wir unsere Beobachtung. Am genauesten erhalten wir die Zeit des Meridiandurchgangs der Sonne, wenn wir die Zeitpunkte jeweils gleicher Schattenlängen vor und nach dem Durchgang aufschreiben und das arithmetische Mittel bilden.

Taschenrechner

Um nun aus dem längsten Schatten die Sonnenhöhe zu ermitteln, benötigen wir noch einen Taschenrechner mit Winkelfunktionen oder eine entsprechende Tafel. Denn die Sonnenhöhe ergibt sich nach den Gesetzen der Dreiecksberechnung (Trigonometrie) zu $h = \arctan s/l$. In dieser Formel bedeuten h die Sonnenhöhe, s die Länge des Schattenstabs und l die Schattenlänge.

Da die Sonne einen meßbaren scheinbaren Durchmesser besitzt, entsteht hinter dem Schattenstab sowohl ein Kernschatten als auch ein Halbschatten. Weil wir das Ende des Kernschattens gemessen haben, ist der Winkel h gegenüber der auf den Sonnenmittelpunkt bezogenen Sonnenhöhe noch um einen scheinbaren Sonnenradius zu groß, so daß wir diesen Betrag – etwa 15' – von dem errechneten Wert abziehen müssen. (Strenggenommen, schwankt der scheinbare Sonnendurchmesser wegen der unterschiedlichen Entfernung zwischen Sonne und Erde im Lauf eines Jahres zwischen 32,58' im Januar und 31,51' im Juli.)

Astronomisches Jahrbuch

Nun nehmen wir ein astronomisches Jahrbuch zu Hilfe, um aus der gemessenen Mittagshöhe der Sonne das gesuchte Datum abzuleiten. In dem Tabellenteil von Ahnerts „Kalender für Sternfreunde" finden wir für jeden Tag des Jahres die Deklination der Sonne, das heißt ihren Winkelabstand vom Himmelsäquator. Der höchste Punkt des Himmelsäquators über dem Horizont eines Ortes, der Äquatorkulm (lat. culmen = Gipfel), entspricht 90° minus der geographischen Breite dieses Ortes. Die Mittagshöhe der Sonne ist demnach die Summe von Äquatorkulm und Deklination. Unter Verwendung der geographischen Breite können wir folglich die Mittagshöhe h der Sonne nach der Formel $h = (90 - \varphi) + \delta$ berechnen. Selbstverständlich müssen wir auf das Vorzeichen der Deklination achten, das im Winterhalbjahr negativ, im Sommerhalbjahr hingegen positiv ist.

Es gilt allerdings zu bedenken, daß die mittäglichen Sonnenhöhen um die Zeit der Sonnenwenden nur geringe Schwankungen aufweisen. Folglich ist der Fehler unserer Datumsbestimmung dann besonders groß. Andererseits fällt sie um die Zeit der Tagundnachtgleichen, d. h. zum Herbst- und Frühlingsanfang, recht genau aus.

Sonnenring

Einfacher läßt sich die Sonnenhöhe mit Hilfe eines Sonnenrings bestimmen; er gestattet es, sie ohne jede Rechnung direkt abzulesen. Den Schattenstab könnten wir in diesem Fall dazu benutzen, den Moment des wahren Mittags zu ermitteln, das heißt den Zeitpunkt des kürzesten Schattens. Die dazugehörige, mit dem Sonnenring gemessene Sonnenhöhe ist dann der gesuchte Wert, der uns unter Verwendung des Jahrbuchs die Datumsbestimmung ermöglicht. Dafür erfordert die Herstellung eines Sonnenrings allerdings etwas mehr Aufwand als die des Schattenstabs. Wir benötigen hierzu einen Metallring mit einem gut zentriert zueinander hergestellten Innen- und Außendurchmesser. Die Wandstärke sollte etwa 5 mm betragen, der Innendurchmesser mindestens 70 mm. Der Ring wird an einem Faden frei aufgehängt und erhält dadurch seine Orientierung. Genau 45° vom Aufhängungspunkt entfernt bohren wir in den Ring ein kleines Loch, dessen Durchmesser nicht größer als 1 mm sein sollte. Durch diese Öffnung fällt nun ein winziges Sonnenbild auf die Innenfläche des Ringes. Dort bringen wir zweckmäßigerweise eine Skale an, die es gestattet, den Winkel der Sonnenhöhe direkt abzulesen. Hierzu ist es allerdings erforderlich, den Ringdurchmesser und die Millimetereinteilung aufeinander abzustimmen. Sollen zum Beispiel 2 mm auf der Skale 1° Höhenwinkel entsprechen, so muß der Innendurchmesser des Ringes 114,7 mm betragen. Hierbei wurde bereits eine Stärke des eingeklebten Millimeterpapiers mit der Skale von 0,1 mm berücksichtigt. Im Interesse der Genauigkeit der Ablesung ist es

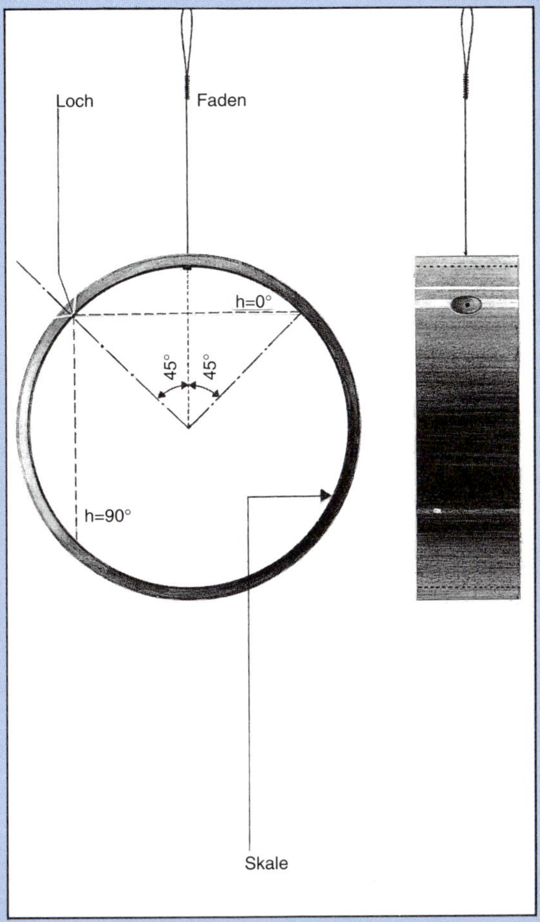

Prinzip des Sonnenrings. Links: Konstruktion der Skale; rechts: Seitenansicht des Ringes.

günstig, den Lochdurchmesser ebenfalls auf den Ringdurchmesser so abzustimmen, daß nach dem Prinzip der Lochkamera auf der Innenfläche des Ringes ein kleines Sonnenbild entsteht. Die *wirksame* Eintrittsbohrung muß sich an der Innenseite des Ringes befinden. Für einen Ring mit dem Durchmesser von 114 mm ergibt sich ein Blendendurchmesser von 0,35 mm. Man kann diese Blende beispielsweise aus Aluminiumfolie anfertigen und an der entsprechenden Stelle des Ringes einkleben, während die Bohrung im Metallring einen leichter zu erzielenden größeren Durchmesser aufweisen darf.

Der Punkt, auf dem wir stehen

Die Messungen der Mittagshöhe der Sonne können natürlich auch dazu dienen, die geographische Breite des Beobachtungsortes zu bestimmen. Dazu verfahren wir gerade umgekehrt wie bei der Datumsbestimmung: Ausgangspunkt ist diesmal das

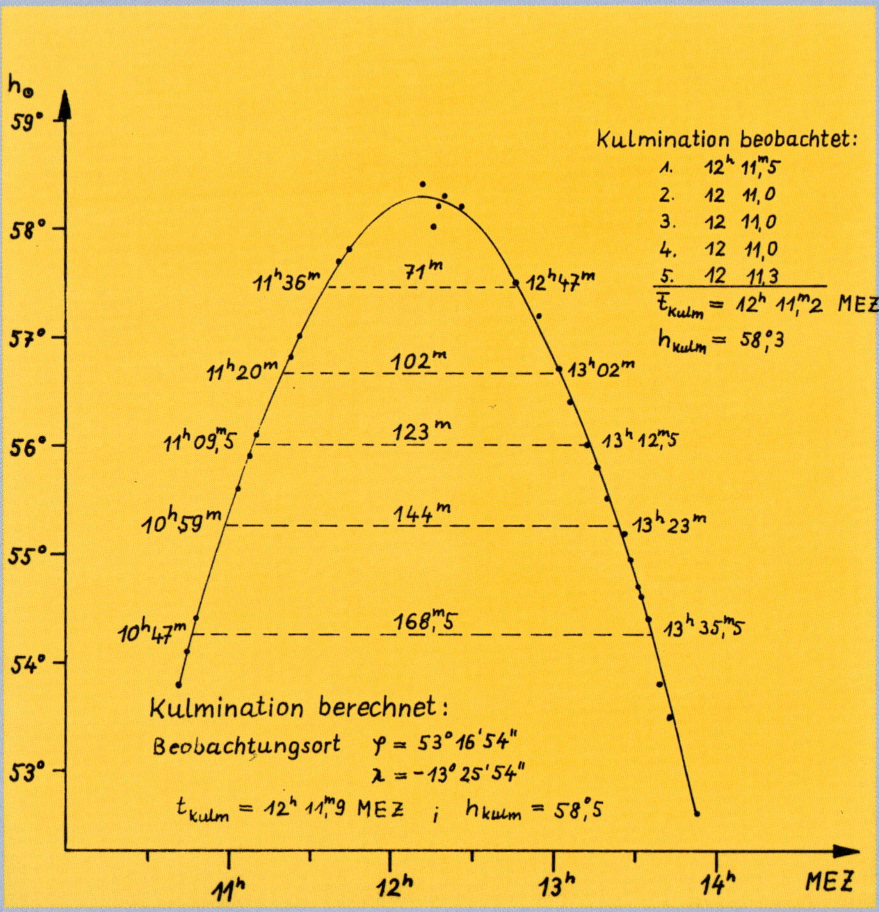

Auswertung einer Messung mit dem Sonnenring (E. Rothenberg, Berlin).

Datum des Tages, an dem wir die Messung durchführen. Aus einem astronomischen Jahrbuch entnehmen wir die zu diesem Datum gehörige Deklination der Sonne, das heißt den Winkel, der ihren Abstand vom Himmelsäquator angibt. Nun gilt wieder $h = (90 - \varphi) + \delta$, so daß wir die geographische Breite durch Umformen der Gleichung zu $\varphi = 90 + \delta - h$ finden. Da der Zeitpunkt der Kulmination hierbei ersichtlich keine Rolle spielt, ist für unsere Messung auch keine Uhr erforderlich.

Die geographische Länge

Etwas komplizierter gestaltet sich die Bestimmung der geographischen Länge. Hierbei spielt die Zeitmessung eine entscheidende Rolle. Die Meßaufgabe ist demgemäß anspruchsvoller. Die geographische Länge wird auf den Nullmeridian bezogen, der nach internationaler Vereinbarung durch die alte englische Sternwarte in Greenwich verläuft. Verfügen wir über die Ortszeit von Greenwich und messen unsere eigene Ortszeit, so reichen diese Angaben bereits aus, um die Längendifferenz zwischen Greenwich und unserem Meßort zu bestimmen. Relativ einfach gegenüber früheren Zeiten wird unser Meßproblem dadurch, daß wir heute praktisch überall auf der Erde Zeitzeichen empfangen können, die zu der Ortszeit des Nullmeridians, der Weltzeit (UT = Universal Time), in einem bekannten Verhältnis stehen. Vernehmen wir beispielsweise von einem unserer Rundfunksender ein Zeitzeichen, so wissen wir, daß die dazugehörige Zeit, die Mitteleuropäische Zeit (MEZ), der Weltzeit (UT) um eine Stunde voraus ist, weil die MEZ auf den Meridian 15° östlicher Länge bezogen wird und die Ortszeitdifferenz von 15° zu 15° stets eine Stunde beträgt. Entsprechend eilt die Mitteleuropäische Sommerzeit (MESZ) der UT um zwei Stunden voraus.

Bei unserer Längenbestimmung verfahren wir nun folgendermaßen: Zunächst ermitteln wir den Augenblick des wahren Mittags mit dem Schattenstab auf die oben dargelegte Weise. Die zu den verschiedenen Schattenlängen gehörenden Zeitpunkte sollten sekundengenau notiert werden. Unsere Uhr kontrollieren wir daher zweckmäßigerweise vor und nach den Messungen mit Hilfe von Rundfunkzeitzeichen.

Kennen wir nun den Augenblick der Kulmination der Sonne, so müssen wir noch bedenken, daß es sich hierbei um die wahre Sonne handelt. Diese wird aber heute nicht mehr als Grundlage unserer Zeitrechnung verwendet. Vielmehr beziehen wir uns auf eine mittlere Sonne, die man sich als gleichmäßig schnell auf dem Himmelsäquator umlaufend denkt und die folglich stets um 12 Uhr mittlerer Ortszeit kulminiert. Wir müssen daher noch die Differenz „wahre Zeit minus mittlere Zeit“, die sogenannte Zeitgleichung, bei unserem Ergebnis berücksichtigen. Diese Zeitgleichung entnehmen wir einem astronomischen

Jahrbuch. Wenn dort die Kulmination der Sonne für jeden Tag und bezogen auf 15° örtlicher Länge im MEZ angegeben ist, liefert uns die Differenz zu 12 Uhr folglich die Zeitgleichung. Dabei ist allerdings unbedingt das Vorzeichen zu beachten!
Korrigieren wir unser Meßergebnis mit dieser Zeitgleichung, dann kennen wir die Kulminationszeit der mittleren Sonne am Meßort, während sie für Greenwich gerade 13 Uhr MEZ beträgt. Wir bilden also die Differenz 13 Uhr minus Kulminationszeit der mittleren Sonne am Beobachtungsort und erhalten so unsere östliche Länge im Zeitmaß. Da 15° Längendifferenz gerade einer Stunde Ortszeitdifferenz entsprechen, können wir mit Hilfe des Dreisatzes unsere geographische Länge ausrechnen:

1 Stunde Ortszeitdifferenz
– 15° Längendifferenz

1 Minute Ortszeitdifferenz
– 15' Längendifferenz

1 Sekunde Ortszeitdifferenz
– 15" Längendifferenz

Es ist also nicht ganz unkompliziert, die geographische Länge aus einer einfachen Messung zu bestimmen. Wer es dennoch einmal ausprobiert, wird bei sorgfältigem Vorgehen durch ein recht genaues Ergebnis belohnt: Unter Verwendung von Schattenstab, Armbanduhr und Rundfunkgerät beträgt der lineare Fehler nur etwa 2,5 km. Wieder müssen wir vor unseren Vorfahren den Hut ziehen, die weder über eine Armbanduhr noch über ein Rundfunkzeitzeichen verfügen konnten und trotzdem noch genauere Längenmessungen zustande brachten.

Maximale und minimale Sonnenhöhe

Schattenstab und Sonnenring vermögen uns weitere elementare Kenntnisse zu vermitteln. So können wir auch die Zeitpunkte der Sonnenwenden (Solstitien) sowie der Tagundnachtgleichen (Äquinoktien) bestimmen. Während der Solstitien erreicht die Mittagshöhe der Sonne ihr jährliches Maximum beziehungsweise Minimum. Da sich diese Mittagshöhe um die Zeit der Sonnenwende im Sommer beziehungsweise im Winter von Tag zu Tag nur wenig ändert, ist es zweckmäßig, den Zeitpunkt der Solstitien aus längeren Meßreihen abzuleiten, die etwa 20 Tage vor dem erwarteten Datum beginnen und bis etwa 20 Tage danach fortgesetzt werden. Dies ist auch deswegen erforderlich, weil der genaue Zeitpunkt der Sonnenwende im allgemeinen nicht mit dem Meridiandurchgang der Sonne, das heißt dem astronomischen Mittag, zusammenfallen wird. Er wird vielmehr zu irgend einer beliebigen Zeit stattfinden, auch die Nachtstunden sind möglich. Man muß also stets eine größere Anzahl von Messungen zur Verfügung haben, um bei der Bildung des Mittels einen zuverlässigen Wert zu erhalten.

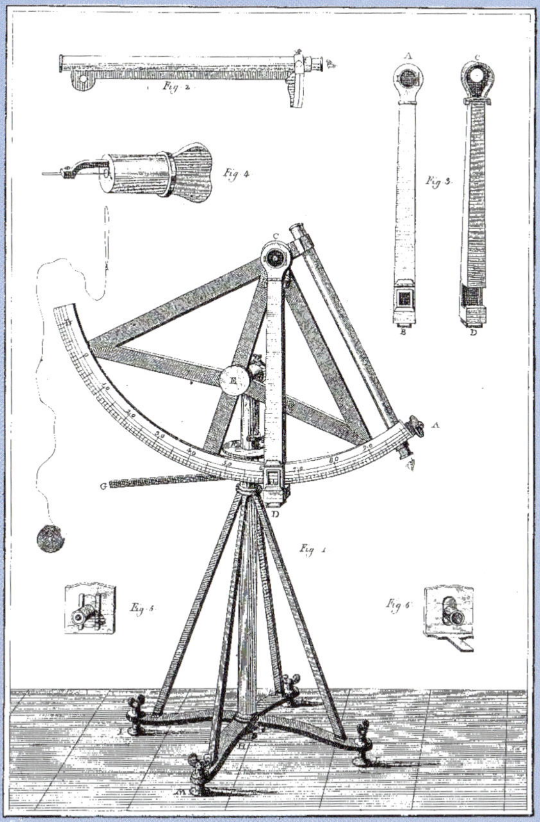

Tragbarer Quadrant – ein Instrument zur Messung der Höhe von Gestirnen. Darstellung von etwa 1750.

Wie groß ist die Erde

Jeder einigermaßen gebildete Mensch hat heute Kenntnis von den Dimensionen des Erdkörpers, und wenn er sie nicht hat, so weiß er, wo er die gesuchten Zahlen nachschlagen kann. Der Radius der Erde beträgt am Äquator annähernd 6380 km, am Pol ist er mit rund 6360 km etwas geringer, weil unser Heimatplanet eine abgeplattete Gestalt aufweist.

Für unsere Vorfahren in grauer Vergangenheit war die Größe der Erde ein schier unergründliches Geheimnis. Als eine bedeutende Leistung muß man bereits die Erkenntnis einschätzen, daß die Erde eine Kugelgestalt aufweist gegenüber der alten Annahme, sie sei eine Scheibe. Denn die Auffassung von der Scheibengestalt folgt unmittelbar aus dem Augenschein; die Überzeugung von der Kugelgestalt, die bereits in der Antike ausgeprägt war, erwuchs hingegen erst aus feineren Beobachtungen und tieferem Nachdenken.

Es ist beeindruckend, daß schon im 5. Jahrhundert v. Chr. Versuche unternommen wurden, eine wissenschaftlich begründete Vorstellung von der Größe der Erdkugel abzuleiten. Leider wissen wir aber darüber so gut wie nichts Konkretes. Hingegen ist bekannt, daß es erstmals dem griechischen Gelehrten Eratosthenes (um 282 – um 202 v. Chr.) gelang, recht zutreffende Angaben über die Erdgröße zu ermitteln. Wir wollen die Verfahrensweise von Eratosthenes kurz beschreiben und dann einen Vorschlag zur zeitgemäßen Wiederholung seines Experiments machen.

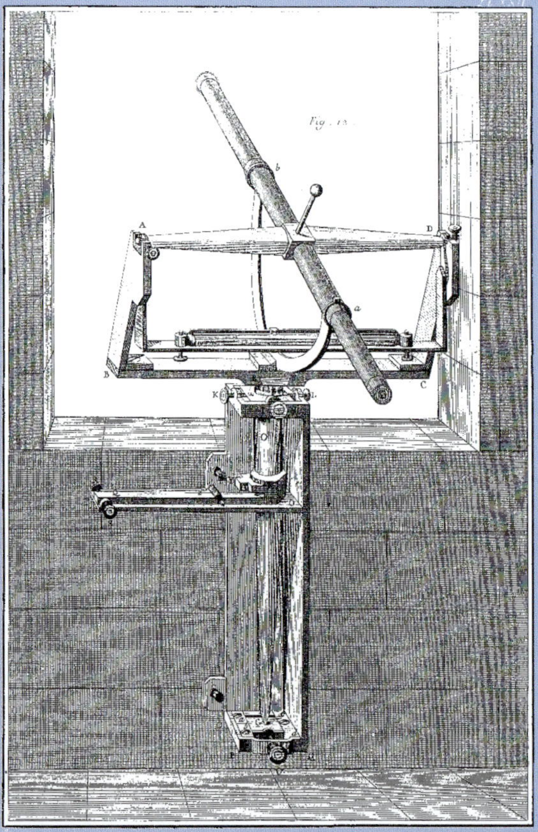

Ein Meridianinstrument dient in der professionellen Astronomie zur genauen Feststellung des Durchgangs eines Sterns durch die Südrichtung (Darstellung von etwa 1750).

Eratosthenes hat im Prinzip mit einem Schattenstab gearbeitet und mit dessen Hilfe festgestellt, daß die Länge des Schattens zur Mittagszeit am Sommersanfang in Syene, dem heutigen Assuan, Null beträgt. Die Sonne steht dann also im Zenit, das heißt genau senkrecht über dem Beobachter. Zur gleichen Zeit erscheint sie jedoch für einen Beobachter in Alexandria, wie Eratosthenes ebenfalls ermittelte, um 1/50 des Meridians, also um 7,2°, vom Zenit entfernt.

Der Gelehrte überlegte sich nun ungefähr folgendes: Alexandria und Syene liegen etwa auf demselben Längenkreis, das heißt der eine Ort recht genau nördlich des anderen. Da die Strahlen der Sonne parallel auf die Erdoberfläche treffen, muß der Bogen des Schattens in Alexandria dem Bogen auf der Erdoberfläche zwischen Alexandria und Syene entsprechen.

Alexandria – Syene

Der Gesamtumfang der Erde läßt sich demnach ermitteln, indem man den linearen Abstand D zwischen Syene und Alexandria zu dem gesuchten Wert U ins Verhältnis bringt und dieses dem Verhältnis des gemessenen Bogens zum Vollkreis gleichsetzt:

$$\frac{U}{D} = \frac{360°}{7{,}2°}$$

Eratosthenes legte nun einen Wert von

5 000 Stadien (1 Stadium etwa 0,15 km) für den Abstand zwischen Alexandria und Syene zugrunde und erhielt somit für den Erdumfang einen Betrag von 250 000 Stadien, was dem modernen Wert recht nahe kommt. Auch hier ist weniger die zahlenmäßige Übereinstimmung hervorzuheben, die je nach der Definition der Stadiumlänge mehr oder weniger gut ausfällt, als vielmehr wiederum das Prinzip der Messung. In der Genauigkeit wurde das antike Ergebnis der Erdumfangsbestimmung erst im 18. Jahrhundert durch prinzipiell gleichartige, aber technisch perfekter ausgeführte Messungen übertroffen.

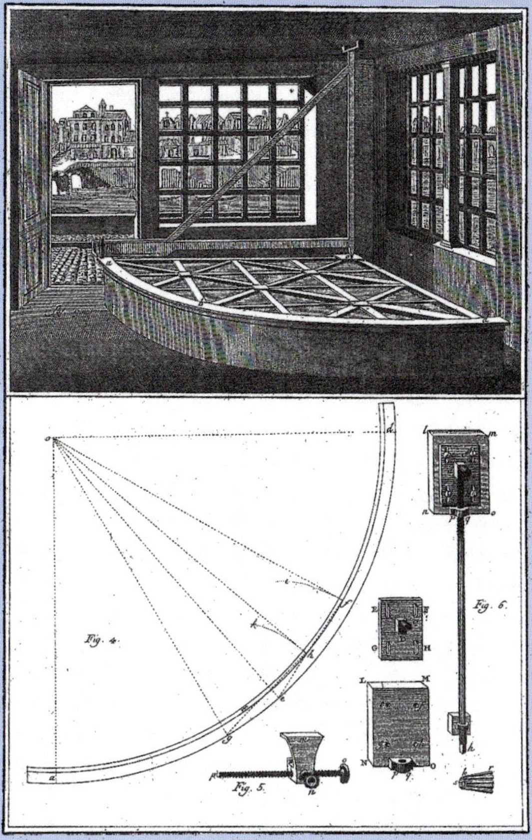

Mauerquadrant – ein früher häufig benutztes Beobachtungsinstrument zur Höhenmessung von Gestirnen (Darstellung von etwa 1750).

Auf antiken Spuren

Ein kleines Abenteuer steht demjenigen bevor, der sich entschließt, auf den Spuren des antiken Erdmessers zu wandeln. Er benötigt dazu lediglich einen Schattenstab oder einen Sonnenring. Allerdings ist es erforderlich, eine Expeditionsgruppe aus mindestens zwei Personen zu bilden, da die Sonnenhöhe an zwei verschiedenen Orten gleichzeitig gemessen werden muß. Natürlich empfiehlt es sich, daß die Expeditionsteilnehmer den Umgang mit Schattenstab oder Sonnenring vorher üben, damit die Messungen höchst exakt ausfallen.

Als weitere Bedingungen für unser Vorhaben sind noch zu berücksichtigen: Die Beobachtungsorte sollten möglichst genau auf einem Meridian liegen, und die Entfernung der beiden Orte muß sich relativ einfach ermitteln lassen. Es nützt zum Beispiel nichts, zwei Orte zu wählen, die nicht direkt durch eine Straße miteinander verbunden sind, weil man sonst die Distanz der Meßpunkte praktisch nicht bestimmen kann.

Haben wir zwei solche Expeditionsorte gefunden, so benötigen wir die Kenntnis ihres linearen Abstandes. In dem antiken Originalexperiment wurde die Straße zwischen Alexandria und Syene angeblich per pedes bewältigt, wobei die Anzahl der Schritte das Entfernungsmaß abgab. Für unseren Versuch dürfte es hinreichend sein, den linearen Abstand der beiden Orte mit dem Kilometerzähler eines Fahrzeugs zu bestimmen. Dann messen unsere beiden Expeditionsteilnehmer die Kulminationshöhe der Sonne in den beiden Meßorten. Die Differenz dieses Wertes ergibt die Breitendifferenz B der Orte. Der Erdumfang läßt sich dann gemäß der Formel:

$$U = \frac{D \times 360}{B}$$

berechnen.

Natürlich sind bei der Durchführung unseres Experiments dem Erfindungsreichtum keinerlei Grenzen gesetzt. Wer es vorzieht, statt der Sonne die Sterne zu beobachten, kann seine Messungen auch nachts vornehmen. Die Schwierigkeiten werden allerdings bei dieser Methode etwas größer. Es kommt nämlich dann darauf an, die Kulminationshöhen ein und desselben Sterns von zwei Orten desselben Meridians zu messen, deren linearer Abstand bekannt ist. Die

Erdmessung des Eratosthenes (Schema). A = Alexandria; S = Syene.

Höhe muß also für den betreffenden Stern im Augenblick seines Durchgangs durch die Südrichtung bestimmt werden. Dazu benötigen wir einerseits eine Festlegung dieser Himmelsrichtung und zum anderen ein Höhenmeßgerät für Sterne. Das wird im allgemeinen ein einfaches Winkelmeßgerät sein. Man sollte jedoch keine Illusionen hegen: Die Genauigkeit einer solchen Erdumfangsbestimmung steht gewiß hinter der Sonnenhöhenmessung zurück. Es sei denn, wir benutzen statt des einfachen Visiergeräts ein Fernrohr, dessen Höhe abgelesen werden kann.

Sicher ist es für ausdauernde Sternfreunde eine reizvolle Aufgabe, den Erdumfang unter Anwendung verschiedener Hilfsmittel zu bestimmen und die Ergebnisse miteinander zu vergleichen. Die unterschiedlichen Resultate und Genauigkeiten dürften reichlich Stoff für eine Diskussion über die Meßfehler und ihre Herkunft liefern und Fehlerdiskussionen schärfen immer den kritischen Verstand!

Konkurrenz für Aristarch

Ein für den Anfänger recht ehrgeiziges Unterfangen ist die Wiederholung des klassischen Versuchs des Aristarch, das Verhältnis der Mondentfernung von der Erde zur Sonnenentfernung zu bestimmen. Wir benötigen zu diesem Zweck ein Gerät, das es gestattet, den Winkelabstand des Mondes von der Sonne zur Zeit seines ersten oder letzten Viertels zu ermitteln.

Ein solches Gerät läßt sich auf einfache Weise folgendermaßen herstellen: Wir

befestigen eine kräftige Holzleiste von etwa 18 mm Dicke, 35 mm Breite und rund 1 000 mm Länge über einen einfachen Kinokopf auf einem Fotostativ. In Verbindung mit dem Kinokopf erlaubt das Dreibeinstativ die Einstellung der Leiste in jede beliebige Richtung. Mit einer Schraube ist am Ende dieser Leiste eine weitere, jedoch erheblich leichtere Leiste drehbar befestigt. Hierfür genügt zum Beispiel eine Tapetenleiste, die etwa 20 mm breit und auf einem beträchtlichen Teil ihrer Länge versteift ist – siehe Zeichnung Seite 68.
Nun sind noch Visuren, eine Peilvorrichtung nach dem Prinzip von Kimme und Korn, anzubringen. Dabei gilt es zu beachten, daß Sonne und Mond vom Drehpunkt unserer beiden Leisten gleichzeitig angepeilt werden müssen. Um dies auf einfache Weise zu bewerkstelligen, löten wir auf die Schraube einen Winkel aus Messingblech zentral auf, der eine kleine Bohrung enthält. Am vorderen Ende der Leiste befestigen wir ein weiteres Stück Blech mit einer scharfen Kante. Auch die andere Leiste trägt an ihrem vorderen Ende eine kleine Blechscheibe mit einer Bohrung. Die Höhe dieser Bohrung entspricht der am Drehpunkt der beiden Leisten.

Die Messung

Nun geht es an die Ausführung der Messungen, die viel Geduld und etwas Geschick erfordern. Zunächst richten wir das gesamte Gerüst so aus, daß die beiden Visierleisten durch die Ebene des Großkreises verlaufen, auf dem Sonne und Mond liegen. Eine Leiste wird dann auf die Sonne eingestellt, so daß deren Licht durch die am vorderen Ende der Leiste befindliche Bohrung fällt und nach dem Prinzip einer Lochkamera ein kleines Sonnenbild entwirft. Die Mitte des Sonnenbilds muß auf den Visierwinkel am Drehpunkt der beiden Leisten treffen. Durch die im Winkel angebrachte Bohrung blickt nun ein zweiter Beobachter gleichzeitig über die „Mondleiste" zum Mond. Diese Leiste ist so einzurichten, daß die Mitte der Mondscheibe, das heißt in unserem Fall die Licht-Schatten-Grenze (Terminator), mit der senkrechten Kante des vorderen Visierblechs übereinstimmt.
Wenn diese Einstellung der Leisten vorgenommen ist, müssen wir den Winkel zwischen ihnen ermitteln. Dies kann auf zwei Wegen geschehen: Entweder bringt man zwischen den beiden Leisten eine Winkelskale an. Dies dürfte jedoch ein recht kompliziertes Unterfangen sein. Außerdem würde die Genauigkeit der Ablesung zu wünschen übriglassen. Besser ist es, den Winkel mathematisch zu ermitteln, indem wir den Abstand der beiden vorderen Visiereinrichtungen messen und dann mit Hilfe des Kosinussatzes der Trigonometrie unter Verwendung der bekannten Seiten auf den Visierleisten den Winkel bestimmen.

Mit diesem kleinen Fernrohr führten im 19. Jahrhundert die Astronomen Argelander und Schönfeld eine der umfangreichsten Durchmusterungen des Sternhimmels durch. Das Instrument befindet sich heute im Max-Planck-Institut in Bonn.

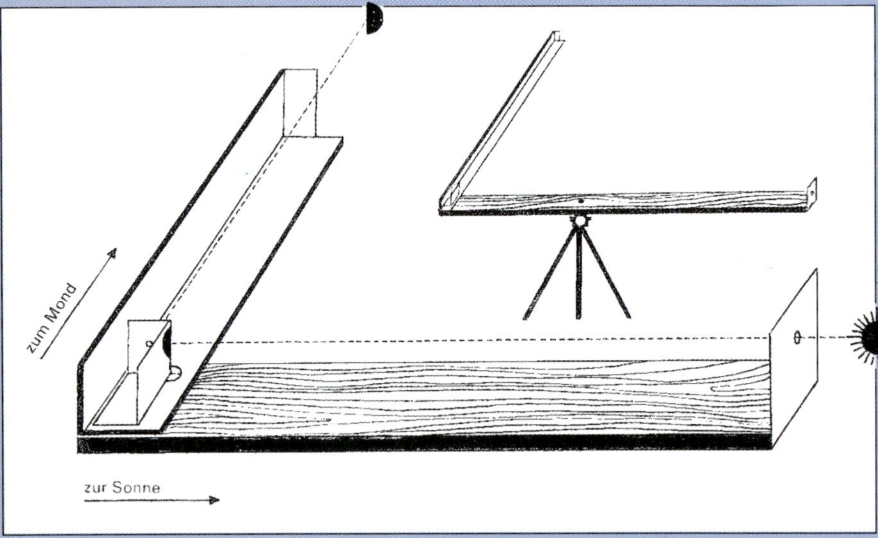

Skizze des Lattengerüsts zur Beobachtung des Winkelabstandes zwischen Sonne und Mond nach Aristarch.

Diese Beschreibung mag manchen vielleicht mutlos gemacht haben. Doch die praktische Durchführung der Messung ist durchaus nicht übermäßig kompliziert. Haben wir einen Tag ausgesucht, an dem der Mond im ersten Viertel steht, befinden sich bei gutem Wetter außerdem noch Mond und Sonne gleichzeitig über dem Horizont und sind die Sichtbedingungen ausreichend, um den Erdbegleiter am Taghimmel erblicken zu können, so müssen wir nur zügig einstellen und ablesen, um ein recht befriedigendes Resultat zu erhalten. Allerdings sollten wir uns auch diesmal darüber im klaren sein, daß die Originalmessung des Aristarch im strengen Sinne nicht von uns wiederholt wurde. Wir haben nämlich den Zeitpunkt des ersten Viertels des Mondes einem astronomischen Jahrbuch entnommen und dann den Winkelabstand des Mondes von der Sonne gemessen. Das erste Viertel des Mondes tritt aber definitionsgemäß ein, wenn die Differenz der Länge des Mondes und der Länge der Sonne 90° beträgt. Die Überlegung des Aristarch gilt jedoch allein für die Halbphase des Mondes, die Dichotomie, weil nur dann der Winkel Mond – Erde – Sonne 90° beträgt. Die Dichotomie tritt in der zunehmenden Phase des Mondes schon 17 Minuten vor dem ersten Viertel ein. Ohne genauen Zeitpunkt ergibt sich ein erheblicher Fehler der Messung.

Special

Berühmte „Amateure"

Die Erforscher des Himmels sind heute hochspezialisierte Fachleute, die eine akademische Ausbildung besitzen und ihre Arbeit professionell betreiben. Das war jedoch nicht immer der Fall. Selbst heute – wenn auch sehr selten – gibt es noch Ausnahmen von dieser Regel. Schon Johann Wolfgang von Goethe (1749-1832) wies in seinem Schlußwort des Entwurfs einer Farbenlehre auf eine interessante Tatsache hin, die den wissenschaftlichen Forschungsprozeß betrifft: „Das Wissenschaftliche wird von vielen Seiten zusammengetragen, und kann vieler Hände, vieler Köpfe nicht entbehren. Das Wissen läßt sich überliefern, diese Schätze können vererbt werden; und das von einem Erworbene werden manche sich zueignen. Es ist daher niemand, der nicht seinen Beitrag den Wissenschaften anbieten dürfte ...Alle Naturen, die mit einer glücklichen Sinnlichkeit begabt sind, ... sind fähig, uns lebhafte und wohl gefaßte Bemerkungen mitzuteilen ... Durchsucht man ... die Geschichte der Naturwissenschaft, so findet man, daß manches Vorzüglichere von Einzelnen in einzelnen Fächern sehr oft von Laien geleistet worden." Das galt auch für die Astronomie: wer sich das erforderliche Wissen aneignete, wen Begeisterung für den Sternhimmel ergriff und wer die nötige Begabung für die Forschung mitbrachte, der konnte sich der Sternkunde verschreiben – auch neben einer anders gearteten Tagesarbeit. Daher kamen zum Teil bedeutende Erkenntnisse auf das Konto von Forschern, die – genau betrachtet – „nur" Amateure waren.

Nützliche Mitwirkung von Laien an den Vorhaben der Forschung ist auch heute noch möglich.

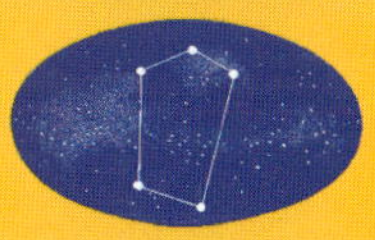

Nikolaus Kopernikus (1473-1543) gilt zu Recht als einer der größten Astronomen aller Zeiten. Er hat durch sein wissenschaftliches Werk „De revolutionibus orbium coelestium“ (Über die Umläufe der Himmelskörper, 1543) eine der tiefgreifendsten Umwälzungen im Denken der Menschen herbeigeführt, die je stattgefunden haben, indem er die Sonne anstatt der Erde in das Zentrum der Welt setzte.

Als Domherr von Frauenburg (heute Frombork in Polen) war Kopernikus hauptberuflich ein Mann der Kirche, der sich mit Verwaltungsaufgaben und Politik zu befassen hatte.

Friedrich Wilhelm Bessel (1784-1846). Dieser bedeutende Forscher des 19. Jahrhunderts, der unter anderem als erster die Entfernung eines Fixsterns bestimmte, war ursprünglich Kaufmannslehrling. Er vermochte schon mit 20 Jahren komplizierte Bahnberechnungen von Himmelskörpern durchzuführen und kam durch Vermittlung des berühmten Astronomen Wilhelm Olbers (Hauptberuf Arzt!) an die Privatsternwarte des Astronomen Johann Hieronymus Schröter (Hauptberuf Jurist!) unweit Bremens.

Später wurde Bessel Direktor einer „eigenen“ Sternwarte in Königsberg.

Friedrich Wilhelm Herschel (1738-1822). Dieser große Astronom begann seine berufliche Laufbahn als Musiker und entdeckte als Amateur Uranus (1781). Der englische König ermöglichte ihm, sein zukünftiges Leben ausschließlich der Astronomie zu widmen. Zahlreiche bedeutende Leistungen verewigten seinen Namen in der Geschichte der Sternkunde. So ist zum Beispiel auf Seite 18 Herschels Riesenteleskop wiedergegeben, zu seiner Zeit das größte Spiegelfernrohr der Erde.

Ejnar Hertzsprung (1873-1967) war Chemieingenieur in Dänemark. Durch einen Zufall geriet er bei seinen privat betriebenen wissenschaftlichen Studien auf ein astronomisches Problem und legte ein Ergebnis auf den Tisch, das die Fachastronomie aufhorchen ließ. Er entdeckte, daß es unter Sternen Riesen und Zwerge gibt.

Karl Schwarzschild, Direktor des Astrophysischen Observatoriums in Potsdam, holte den „Astroamateur“ als Professor an die Sternwarten in Göttingen und Potsdam.

Später war Ejnar Hertzsprung Direktor der Sternwarte im niederländischen Leiden.

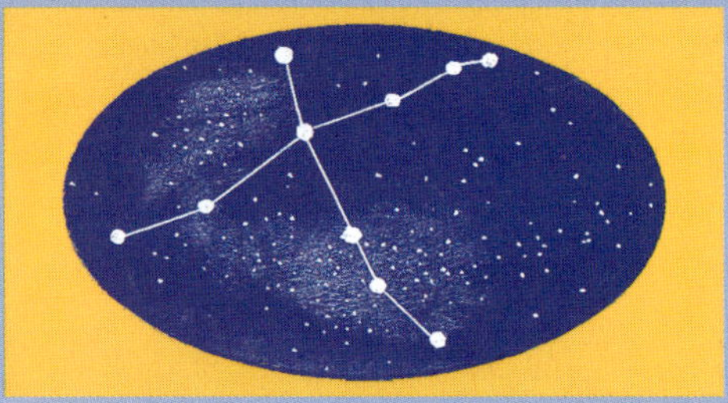

Nach der griechischen Sage stürzte Phaeton, der Sohn des Sonnengottes, beim ungeschickten Lenken des Sonnenwagens ab. Sein Freund trauerte um ihn und wurde zum Trost als Schwan an den Himmel gesetzt. Das große Sternbild Schwan liegt in der Milchstraße und ist im Sommer abends zu beobachten.

Sehwerkzeuge

Wenn wir auch soeben eindrucksvolle Beispiele für aufschlußreiche Beobachtungen ohne Fernrohr kennengelernt haben, so weiß doch jeder, daß Astronomie und Teleskop zusammengehören wie Medizin und Stethoskop oder Archäologie und Hacke mit Spaten. Unsere heutigen umfangreichen Erkenntnisse über die Objekte des Weltalls wären ohne das Fernrohr undenkbar. Auch der Hobby-Sternforscher wird deshalb schon bald den Wunsch nach einem Fernrohr verspüren. Er braucht also auch Kenntnisse über die Wirkungsweise von optischen Sehhilfen, um sich das Richtige für seinen Zweck auswählen zu können.

Ein wenig Fernrohrtheorie

Galileo Galilei benutzte für seine Beobachtungen das sogenannte holländische Fernrohr, das aufrecht stehende Bilder zeigt. Die späteren astronomischen Fernrohre beruhen jedoch hauptsächlich auf dem von Johannes Kepler (1571 – 1630) eingeführten Prinzip. Sie bestehen aus einer Sammellinse als Objektiv (lat. obiectus = entgegengeworfen) und einer zweiten Sammellinse als Okular (lat. oculus = Auge). Im Keplerschen Fernrohr erscheinen die Bilder dem Beobachter sowohl seitenverkehrt als auch auf dem Kopf stehend, was für astronomische Beobachtungen jedoch kein Nachteil ist.

Die Abbildung eines weit entfernten Körpers kommt – siehe Zeichnung auf der rechten Seite – auf folgende Weise zustande: Von dem Objekt treffen parallele Lichtstrahlen auf das auch als Eintrittspupille EP bezeichnete Objektiv des Fernrohrs. Wegen der Lichtbrechung und der spezifischen geometrischen Form des Objektivs werden diese Strahlen hinter der Linse so gelenkt, daß in der Brennebene des Objektivs ein umgekehrtes wirkliches (reelles) Bild entsteht. Der Abstand vom Mittelpunkt der Linse bis zum Mittelpunkt der Brennebene heißt Brennweite des Objektivs. Das Okular bringt man nun so an, daß dieses reelle Bild sich gerade in seiner Brennweite befindet. Dadurch wird das reelle Bild vergrößert und gelangt so als scheinbares (virtuelles) Bild ins Auge des Beobachters.

Das Okular erzeugt hinter sich das reelle Bild der Austrittspupille AP. Wir können diese Austrittspupille sichtbar machen und ihren Durchmesser bestimmen, wenn wir ein durchscheinendes Blatt Papier hinter das Okular halten.

Die Vergrößerung

Die Vergrößerung V des Fernrohrs ergibt sich als Quotient aus der Brennweite des Objektivs F und der Brennweite des Okulars f. Es gilt:

$$V = \frac{F}{f} = \frac{EP}{AP}.$$

Die uns später nochmals interessierende Austrittspupille läßt sich bei bekannter Vergrößerung V und gegebenem Objektivdurchmesser EP des Instruments ersichtlich auf einfache Weise berechnen; denn durch Umstellen obiger Gleichung folgt:

$$AP = \frac{EP}{V}.$$

Die Vergrößerung des Fernrohrs sagt uns, unter einem wievielmal größeren Winkel wir ein Objekt im Vergleich zur Betrachtung mit dem bloßen Auge sehen. Dies ist aus geometrischen Gründen gleichbedeutend mit einer entsprechend kleineren Entfernung. Ein Gegenstand, den wir durch ein Fernrohr mit zehnfacher Vergrößerung betrachten, erscheint uns folglich zehnmal so nahe wie bei der Betrachtung ohne Fernrohr.

Je stärker ein Teleskop jedoch vergrößert – und dies ist die Kehrseite der Medaille –, desto lichtschwächer wird das Bild, bezogen auf einen bestimmten Objektivdurchmesser. Als Maß für die Lichtstärke eines Fernrohrs benutzt man oft die Quadratzahl der Austrittspupille. Als Einheit „Lichtstärke 1“ dient dann ein Instrument mit der Austrittspupille von 1 mm.

Vergleichen wir zwei Fernrohre der Objektivdurchmesser 25 mm und 50 mm, die beide eine fünffache Vergrößerung aufweisen, dann ergibt sich für die Austrittspupille ein Wert von 5 beziehungsweise 10 mm. Die entsprechenden Lichtstärken betragen also 25 beziehungsweise 100. Bei gleicher Vergrößerung hat demnach das Instrument mit der doppelten Öffnung die vierfache Lichtstärke.

Allerdings ist zu berücksichtigen, daß die Pupillenöffnung unseres Auges bei völliger Dunkelanpassung nur etwa 8 mm beträgt. Bei einer Austrittspupille von über 8 mm gelangt daher nicht mehr das gesamte austretende Licht in das Auge. Da die Eintrittspupille als Durchmesser des Objektivs bei jedem Fernrohr gegeben ist und die maximal nutzbare Austrittspupille ebenfalls festliegt, folgt hieraus eine schwächste sinnvolle Vergrößerung V_{min} für jedes Teleskop.

Sie berechnet sich zu:

$$V_{min} = \frac{EP\ (\text{in mm})}{8}.$$

Wird diese Vergrößerung unterschritten, so „verschenken“ wir Licht des beobachteten Objekts. Die beste Auflösung ergibt sich bei einem aus dem Okular austretenden parallelen Lichtbündel von etwa 3 mm.

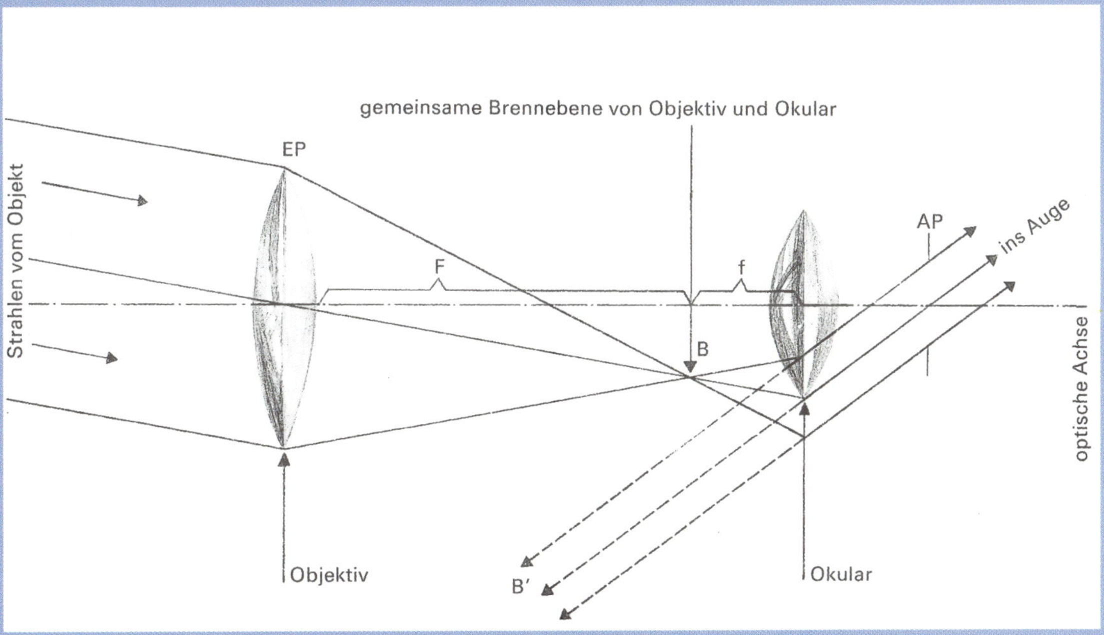

Strahlengang im Linsenfernrohr:
EP = Eintrittspupille;
AP = Austrittspupille;
F = Brennweite des Objektivs;
f = Brennweite des Okulars;
B = reelles Bild;
B' = Richtung des umgekehrten virtuellen vergrößerten Bildes.

Hieraus folgt eine stärkste anwendbare Vergrößerung V_{max} für ein Teleskop:

$$V_{max} = \frac{EP \text{ (in mm)}}{3}.$$

Auflösungsvermögen

Eine weitere wichtige Größe, welche die Leistung eines Fernrohrs charakterisiert, ist sein Auflösungsvermögen. Darunter versteht man den kleinsten Winkelabstand, den zwei Sterne haben dürfen, um noch getrennt wahrgenommen zu werden. Das Auflösungsvermögen eines Fernrohrs hängt direkt vom Durchmesser des Objektivs ab: Je größer das verwendete Objektiv, desto größer ist auch das Auflösungsvermögen. Wollen wir also sehr eng beieinander stehende Doppelsterne getrennt sehen, dann benötigen wir ein Instrument mit einer größeren Öffnung, als sie für die Trennung weiter voneinander entfernter „Sternpärchen" erforderlich ist. Das Auflösungsvermögen d berechnet sich aus dem Objektivdurchmesser D des Fernrohrs zu $d = \frac{140}{D}$. d ergibt sich in Bogensekunden, wenn D in Millimetern eingesetzt wird.

Aus den Gesetzen der Optik läßt sich ableiten, daß für jedes Objektiv eine förderliche Vergrößerung besteht, deren Überschreitung nicht mehr dazu beiträgt, die Information zu verbessern. Diese Vergrößerung ergibt sich gleich dem Objektivdurchmesser des Fernrohrs in Millimetern.

Was leistet der Feldstecher?

Feldstecher sind weit verbreitete, handliche und leistungsstarke Fernrohre, für viele treue Begleiter auf Urlaubsreisen, um die Landschaft zu durchmustern und Tiere zu beobachten. Wohl wenige stolze Besitzer eines solchen optischen Instruments haben es je auf den Himmel gerichtet, vielleicht in der Annahme, daß es dafür nicht geeignet sei. Doch der Feldstecher ist im Prinzip nichts anderes als ein astronomisches Fernrohr, und je nach der Leistungsfähigkeit eines solchen Glases können wir damit gegebenenfalls sogar mehr vom Himmel erschauen und studieren, als mancher Sterngucker des 17. Jahrhunderts mit seinen damals noch recht bescheidenen Fernrohren.

Da das astronomische Fernrohr – wie bereits erläutert – die Gegenstände sowohl seitenverkehrt als auch auf dem Kopf stehend abbildet, ist es für die Betrachtung irdischer Objekte ungeeignet. Während es den Astronomen nicht stört, wenn er den Südpol des Mondes oben im Bild vorfindet, müssen die Bilder bei der irdischen Fernrohrbeobachtung aufgerichtet und seitenrichtig erscheinen.

Im Prinzip unverändert

Es war der italienische Topograph Ignazio Porro (1801 – 1875), der um 1850 die Einfügung von hochpolierten Glasprismen in den Strahlengang eines astronomischen Fernrohrs vorschlug, um das Problem der terrestrischen Beobachtung (lat. terra = Erde) zu lösen. Doch die technischen Voraussetzungen für die Verwirklichung dieser Idee waren erst gegen Ende der vergangenen Jahrhunderts erfüllt, als der Optiker und Astronom Ernst Abbé (1840 – 1905) unabhängig von Porro die Erfindung wiederholte. Damals wurde die bis heute in ihren Grundzügen unverändert gebliebene Fernglaskonstruktion entwickelt, bei der man in einem Doppelfernrohr jeweils zwei Reflexionsprismen in den Strahlengang zwischen Objektiv und Okular bringt. Durch die vierfache Reflexion des Lichts kommt ein Weg der Lichtstrahlen zustande, der es gestattet, das Instrument beträchtlich kürzer zu bauen, als wenn ein direkter Lichtweg vom Objektiv zum Okular führte. Besonders in jüngster Zeit streben die Hersteller immer stärker taschengerechte Kompaktmodelle an.

Die Leistungen der Feldstecher sind dem hauptsächlichen Verwendungszweck, also

terrestrischen Beobachtungen, angepaßt. Wir können deshalb nicht erwarten, daß der Feldstecher ein astronomisches Fernrohr ersetzt. Vielmehr müssen wir fragen, welche Eigenschaften diese Instrumente besitzen und zu welchen astronomischen Beobachtungen sie sich infolgedessen eignen. Die Fernglasobjektive können heute denen astronomischer Fernrohre qualitativ durchaus ebenbürtig sein. Es handelt sich ausnahmslos um achromatische (griech. chroma = Farbe), das heißt farbfehlerfreie Linsen, deren Öffnungsverhältnisse allerdings im Unterschied zu denen von Fernrohren relativ klein sind. Unter dem Öffnungsverhältnis versteht man das Verhältnis der Eintrittspupille zur Brennweite. Es liegt bei Feldstechern zwischen 1 : 3,7 und 1 : 5, bei astronomischen Fernrohren dagegen zwischen 1 : 10 und 1 : 15. Objektivdurchmesser und feststehende Vergrößerung eines Feldstechers finden wir auf dem Gehäuse vermerkt. Für die Kennzeichnung dieser beiden wichtigen Leistungsdaten hat sich die Angabe „Vergrößerung mal Öffnung in Millimetern“ eingebürgert. Ein Feldstecher mit der Gravur 10 x 50 weist also eine zehnfache Vergrößerung auf und besitzt einen Objektivdurchmesser von 50 mm. Diese beiden Zahlen gestatten uns ohne weiteres, auch andere Leistungsdaten, wie Austrittspupille und Lichtstärke, zu bestimmen.

Großes Gesichtsfeld

Ein unbestreitbarer Vorteil des Feldstechers gegenüber dem astronomischen Fernrohr ist sein großes Gesichtsfeld. Gerade diese Eigenschaft und die hohe Lichtstärke machen ihn für die Beobachtung mancher astronomischer Objekte sogar geeigneter als ein Fernrohr. Da die Vergrößerungen für jeden Feldstecher festliegen, sind auch die Gesichtsfelder gegeben. Sie werden um so kleiner, je stärker die Vergrößerung, und um so größer, je geringer sie ist.

Seit der Optiker Heinrich Erfle (1884 – 1923) 1917 die Weitwinkelokulare ent-

Strahlengang im Prismenfeldstecher; darüber Feldstecher auf einem Stativ mit Klammeraufsatz.

wickelte, besitzen auch die stärker vergrößernden Feldstecher recht große Gesichtsfelder. Bei Ferngläsern mit geringer Vergrößerung (etwa 6- bis 8fach) sind Gesichtsfelddurchmesser bis 8,5° möglich, das heißt dem 17fachen Vollmonddurchmesser. Selbst bei Feldstechern mit 15facher Vergrößerung sind 4,6°-Gesichtsfelder unter Verwendung von Weitwinkel-Okularen erreichbar.

Den Gesichtsfelddurchmesser können wir mit hinreichender Genauigkeit selbst ermitteln, indem wir eine bestimmte Himmelsgegend beobachten und mit Hilfe einer Sternkarte die Abstände der an den Grenzen des Gesichtsfeldes gerade noch zu erkennenden Sterne im Gradmaß ablesen.

Angesichts einer geradezu unübersehbaren Zahl von Fernglasanbietern und Modellen sollte man sich vor dem Kauf eines Feldstechers gut informieren, dabei den Verwendungszweck und natürlich auch den eigenen Geldbeutel berücksichtigen. Während die meisten Ferngläser hinsichtlich ihrer optischen Eigenschaften als gut oder zumindest zufriedenstellend bezeichnet werden können, sind die Preisunterschiede sehr groß. Besonders die mit „sehr gut" einzustufenden Ferngläser (von Leitz und Zeiss) liegen im Preis um 1500 DM und darüber. Aber auch für rund 100 DM kann man bereits Gläser erwerben, die für den Einsteiger durchaus empfehlenswert sind, zumindest für die erste Zeit.

Sternwarte im Taschenformat

Der Feldstecher kann für den Sternfreund durchaus das Hauptinstrument seines kleinen Observatoriums werden. Doch gerade dann ist es zweckmäßig, sich über eine Reihe von zusätzlichen Hilfsmitteln Gedanken zu machen, die erheblich zur Leistungssteigerung des „Feldstecher-Astronomen" beitragen. Vor allem müssen wir für eine feste Aufstellung des Instrumentes sorgen. Schon bei terrestrischen Beobachtungen machen wir die unangenehme Erfahrung, daß viele Einzelheiten des beobachteten Gegenstandes verschwommen erscheinen, weil unsere Hände unvermeidlich zittern. Bei fester Aufstellung verschwinden diese Nachteile. Untersuchungen haben ergeben, daß die Leistung eines Fernglases bei starken Vergrößerungen fast um die Hälfte geringer ist, wenn die Beobachtung freihändig erfolgt.

Stativ ist wichtig

Für astronomische Beobachtungen empfiehlt sich daher auf jeden Fall eine Halterung, die es gestattet, das Leistungsvermögen des Feldstechers voll auszuschöpfen. Mit einigem Geschick kann man sie sich selbst aus Laborstativklammern zusammenstellen. Am einfachsten ist es allerdings, einen Feldstecherhalter zu benutzen, der sich auf gewöhnliche Fotostative schrauben läßt und sowohl die seitliche Schwenkung des Feldstechers als auch die Höhenverstellung erlaubt.

Zusatzfernrohr

Unserer Feldstecher-Sternwarte haftet aber noch die Unvollkommenheit an, daß die Vergrößerung nicht beeinflußbar ist. Ein Sternfreund wird sich damit nicht gern abfinden. Auch hier können wir Abhilfe schaffen, indem wir unseren Feldstecher mit einem Zusatzfernrohr verbinden. Zwar wird man unter Berücksichtigung seiner Optik die Vergrößerung nicht beliebig steigern. Eine Verbesserung um den Faktor 2 bis 4 ist aber ohne unzumutbare Qualitätsverluste des Bildes durchaus noch möglich. Freilich müssen wir hierbei eine Einbuße an Lichtstärke hinnehmen.

Allgemein gilt, daß die Vergrößerung der Kombination Feldstecher-Zusatzfernrohr dem Produkt der beiden Einzelvergrößerungen entspricht und die Lichtstärke dem Quotienten aus der Lichtstärke des Feldstechers und dem Quadrat der Vergrößerung des Zusatzfernrohrs. Wie nicht anders zu erwarten, erkaufen wir uns also die stärkere Gesamtvergrößerung mit einem Verlust an Lichtstärke. Bei der Beobachtung von Sonne und Mond hat das keine Bedeutung, da diese Himmelskörper ohnehin sehr hell sind. Was die Bildschärfe anlangt, so kann man mit einem Feldstecher 10 x 50 nach den Erfahrungen des Sonneberger Astrooptikers Rudolf Brandt (1905 – 1975) mitunter sogar Gesamtvergrößerungen bis sechzigfach wählen. Die dabei allerdings auftretenden Farbränder der Bilder lassen sich durch die Verwendung von Gelbfiltern oder durch ein Abblenden des Feldstecherobjektivs mittels Pappringen bei hellen Objekten vermindern. Empfehlenswerte Zusatzvergrößerungen für die verschiedenen Feldstecher sind:

Feldstecher	Zusatzvergrößerung
6 x 24	
6 x 30	drei- bis vierfach
8 x 24	
8 x 30	
8 x 40	drei- bis fünffach
10 x 40	
10 x 50	vier- bis fünffach
15 x 50	

Als Zusatzfernrohre für Feldstecher können wir einäugige, monokulare Prismenfernrohre verwenden. Eine feste Aufstellung ist allerdings für die erfolgreiche Benutzung einer Kombination Feldstecher-Zusatzfernrohr keine Ermessensfrage mehr, sondern vielmehr unverzichtbar. Außerdem müssen wir natürlich für eine starre Verbindung zwischen Feldstecher und Zusatzfernrohr sorgen. Bei der Verwirklichung dieser Forderung sind dem Erfindungsreichtum je nach den zur Verfügung stehenden Möglichkeiten keinerlei Grenzen gesetzt. Gegebenenfalls läßt sich vorn am Zusatzfernrohr ein Gewinde anbringen, so daß man dieses Fernrohr statt der Okularmuschel des Feldstechers einfach anschrauben kann. Aber auch andere Varianten, die jedoch stets eine streng zentrische Verbindung zwischen den beiden optischen Instrumenten gewährleisten müssen, sind denkbar.

Optische Filter

Zur Ausrüstung unserer Feldstecher-Sternwarte sollten nach Möglichkeit verschiedene, auf die Okularmuschel aufsteckbare optische Filter gehören. Die schon erwähnten Gelbfilter helfen vor allem, sehr helle Objekte des Nachthimmels besser zu studieren. Der Mond ist zum Beispiel im Feldstecher für das Auge oftmals zu grell. Ein helles oder dunkleres Gelbfilter macht seine Beobachtung angenehmer und für das Auge schonender. Außerdem können wir dann natürlich auch mehr Einzelheiten erkennen.

Abblendgläser

Für Sonnenbeobachtungen verwenden wir unbedingt starke Abblendgläser. Ein Blick zur Sonne durch den unabgeblendeten Feldstecher muß unter allen Umständen vermieden werden, da er schwere Schädigungen des Auges zur Folge haben kann. Für Sonnenbeobachtungen am unbewölk-

Zusatzfernrohr zum Feldstecher: Als Objektiv eines Selbstbau-Zusatzfernrohrs eignet sich ein entsprechendes Brillenglas.

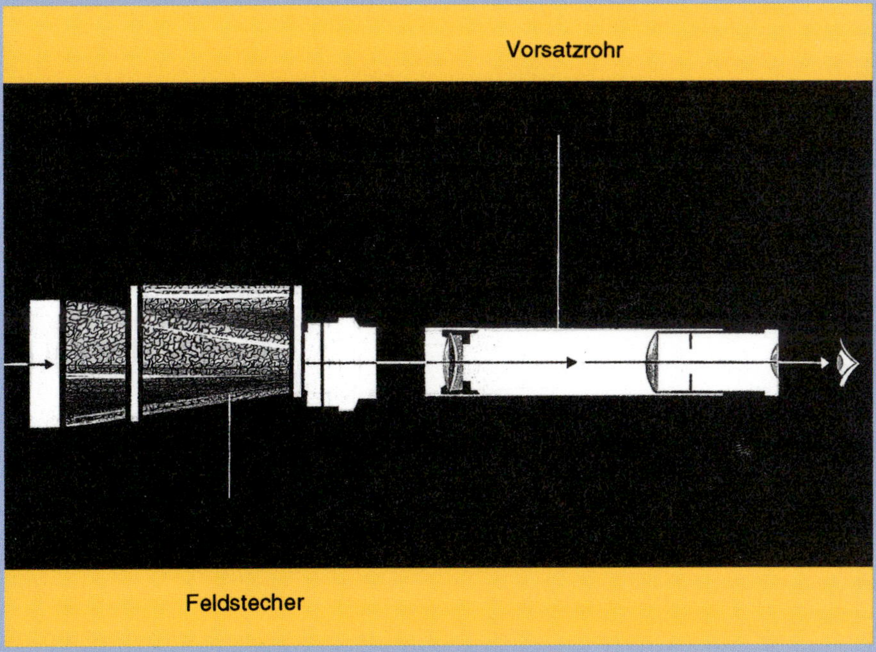

ten Himmel benutzen wir stets dunkle Blendgläser. Die Beobachtungen sollten nicht zu lange dauern, da sich Okular und Sonnenblendgläser erwärmen. Die Blendgläser können bei ausgedehnter Beobachtung, besonders bei Verwendung von Feldstechern großer Öffnung, platzen. Eine Abblendung der Eintrittspupille auf etwa 30 mm wirkt sich in diesem Fall günstig aus.

Ganz ohne Blendgläser kommen wir bei Sonnenbeobachtungen aus, wenn wir die Projektionsmethode anwenden. Hinter dem Okular des Feldstechers wird senkrecht zur optischen Achse des Systems ein weißer Papierschirm angebracht, der das Sonnenbild auffängt. Die Scharfeinstellung erfolgt durch Verstellen der Okulare. Um das Projektionsbild der Sonne gut beobachten zu können, empfiehlt es sich, einen weiteren, größeren Schirm vor den Feldstecher zu bringen, der die Aufgabe hat, störendes Nebenlicht abzuhalten. Einer der wesentlichen Vorteile der Projektionsmethode besteht darin, daß mehrere Beobachter sich gleichzeitig dem Studium der Sonne widmen können.

Der Nachthimmel im Feldstecher

Was zeigt uns nun unsere Feldstecher-Sternwarte vom Himmel? Das hängt natürlich in erster Linie von der Leistung des jeweiligen Feldstechers ab. Im folgenden werden die wichtigsten Beobachtungsobjekte für den Feldstecher aufgeführt, die dem Anfänger zugleich ein solides Grundwissen in praktischer Himmelskunde zu vermitteln vermögen.

Von denkbaren kleinen Forschungsvorhaben unter Verwendung des Feldstechers soll hier nicht die Rede sein. Wenn wir später über die heute noch sinnvollen wissenschaftlichen Aufgaben für den Amateur sprechen, wird sich der Leser selbst ein Bild davon machen können, wo sich der Feldstecher mit Gewinn einsetzen läßt und wo es größerer Teleskope bedarf. Unsere Objekte sind also hauptsächlich unter dem Gesichtspunkt der Freude am Schauen ausgewählt, und wer dieses Programm nach und nach in klaren Nächten ausführt, wird mit Erstaunen feststellen, wie reichhaltig und prachtvoll sich uns der Himmel bereits im Fernglas gegenüber der Betrachtung mit dem bloßen Auge darbietet.

Einzel- und Doppelsterne

Sterne wie unsere Sonne, die einzeln – nur umgeben von ihren Planeten – die Bahn durchs All ziehen, sind durchaus nicht die Regel. Vielmehr kennen wir im Weltall viele Sternpärchen, die von den Astronomen als Doppelsterne bezeichnet werden. Es handelt sich um Sonnen, die durch ihre gegenseitige Anziehungskraft aneinander gebunden sind und sich um einen gemeinsamen Schwerpunkt bewegen. Etwa seit dem Ende des 18. Jahrhunderts wurde die vorher schon vermutete Existenz dieser Objekte durch die Forschungen des schon mehrfach genannten Friedrich Wilhelm Herschel zur Gewißheit.

Heute nimmt man an, daß mindestens die Hälfte aller Sterne zu Doppel- oder Mehrfachsternsystemen gehört. Da die Fixsterne sehr weit von uns entfernt im Kosmos stehen, schmelzen ihre recht beträchtlichen gegenseitigen Abstände so stark zusammen, daß wir sie mit dem bloßen Auge nicht als Doppelsterne erkennen können. Doch das Auflösungsvermögen der Feldstecher reicht bereits aus, um eine ganze Anzahl von Doppelsternen in ihre Komponenten zu zerlegen. (Vgl. Tabelle Seite 78) Die jeweils genannten Sterne finden wir unter Verwendung der Umgebungskärtchen.

Die Milchstraße

An vielen Stellen des Himmels weicht die Verteilung der Sterne auffallend vom son-

Milchstraßenwolken im Sternbild Schütze (20 Minuten belichtet auf Agfachrome 1000 RS Diafilm).

stigen Gleichmaß ab. Wir finden dort mehr Sterne konzentriert als sonst üblich, und verständlicherweise interessierten sich die Astronomen aller Zeiten für diese Erscheinung. Die bemerkenswerteste und zweifellos auch dem Laien bekannteste Sternkonzentration am Himmel stellt das Band der Milchstraße dar, das sich je nach der Jahreszeit unterschiedlich günstig beobachten läßt. Daß die Milchstraße aus Sternen besteht, bleibt dem Beobachter ohne optische Hilfsmittel verborgen. Zwar vermutete schon der griechische Gelehrte Demokrit (460 – 371 v. Chr.), daß der um den ganzen Himmel laufende Lichtstreif der Milchstraße aus Sternen zusammengesetzt ist, doch erst die Fernrohrbeobachtungen Galileis bestätigten diese Vermutung durch Augenschein.

Die in der Milchstraße vor uns liegende Ansammlung meist sehr ferner Himmelskörper rührt von der Verteilung der Sterne in unserer weiteren kosmischen Heimat, dem Sternsystem, her. Sie sind nämlich hauptsächlich in einer sehr flachen Scheibe angeordnet. Wenn wir von unserem Planeten in die Richtung der Hauptebene des Sternsystems blicken, müssen wir dort

Special

Doppelsterne für die Beobachtung mit einem sechs- bis achtfach vergrößernden Feldstecher

Objekt		Abstand der beiden Komponenten in "
ε	Ly	207
ζ	Ly	44
δ	Ly	750
ν	Dra	61
ϑ	Tau	337
τ	Tau	63
σ	Tau	43
γ	Lep	95
δ	Cep	41
τ	Leo	90
β	Leo	1.134
α	Lib	231
ο	Cyp	337
σ	Vul	403
α	Cap	376
β	Cap	205
g (Alkor)	UMa	11

Doppelsterne für die Beobachtung mit einem zwölffach vergrößernden Feldstecher

Objekt		Abstand der beiden Komponenten in "
λ	Ari	38
δ	Boo	105
χ	Boo	13
ι	Boo	38
μ	Boo	108
ι	CnC	31
α	CVn	20
ο	Cap	22
β	Cep	13,5
δ	Crv	25
β	Cyg	34
61	Cyg	23
μ	Cyg	217
γ	Del	12
ν	Dra	61
ο	Dra	32
ζ	Gem	94
ν	Gem	113
μ	Her	32
γ	Her	105
χ	Her	31
ε	Mon	14
δ	Ori	53
ε	Peg	138
ζ	Psc	24
β	PsA	30
η	Tau	120

zwangsläufig weitaus mehr und entferntere Sterne wahrnehmen als an anderen Stellen des Himmels.

Da wir selbst mit unserer Sonne in der Nähe eines zentrumfernen Spiralarms liegen, erscheint uns das Sterngewimmel der Milchstraße am dichtesten in der Richtung zum Zentrum, dem Sternbild Schütze, und entsprechend weniger dicht in der Gegenrichtung. Die Verteilung der Sterne innerhalb der Milchstraße ist freilich alles andere als gleichmäßig. Schon ihr Band selbst weist eine stark zerklüftete Struktur auf. Diese Abweichungen von der Gleichförmigkeit rühren vor allem daher, daß sich im Raum zwischen uns, den irdischen Beobachtern, und den Objekten der Milchstraße weit ausgedehnte Ansammlungen nichtleuchtender Gas- und Staubwolken befinden. Sie verschlucken das Licht der dahinter stehenden Sterne und täuschen so die ungleichmäßige Verteilung vor. Die häufig sehr dichten Ansammlungen von Sternen gegenüber dem sonstigen Umfeld werden als Sternwolken bezeichnet. Daneben kommen innerhalb des Sternsystems auch tatsächlich ungleichmäßige Verteilungen der

Sterne vor, also wirkliche Sternwolken außerhalb des Bandes der Milchstraße. An vielen Stellen der Milchstraße sind es nicht so sehr die Sternansammlungen, sondern im Gegenteil gerade die dunklen vorgelagerten Wolken, die beinahe wie Kohlensäcke anmuten und unsere besondere Aufmerksamkeit erregen.

Sternhaufen

Auch die Sternhaufen bilden auffallende Objekte im Reich der Fixsterne. Der Astronom unterscheidet je nach dem Grad der Konzentration gegen das Zentrum die offenen und die Kugelsternhaufen. Gegenwärtig sind in unserem Sternsystem etwa 120 Kugelsternhaufen bekannt. Selbst die größten Teleskope der Erde vermögen ihre inneren Partien nicht in Einzelsterne aufzulösen, so hoch ist dort die Konzentration der Sterne. Der Sternreichtum dieser merkwürdigen Gebilde liegt nach Schätzungen von Fachleuten zwischen 50 000 und 50 Millionen. Im Feldstecher muten die gewaltigen, regelmäßig gebauten Sternansammlungen allerdings nur wie verwaschene Nebelflecke an. Eine Auflösung in Einzelsterne ist nicht möglich.
Im Gegensatz zu den Kugelsternhaufen bilden die offenen Sternhaufen gleichsam lockere Sternansammlungen. Man ist sich heute darüber einig, daß die zu ihnen gehörenden Sterne gemeinsam entstanden und folglich auch das gleiche Alter besitzen. Die hellsten Sterne eines der schönsten offenen Haufen, das Siebengestirn (Plejaden) im Sternbild Stier, können wir bereits mit dem bloßen Auge erkennen.

Nebel?

Die Kugelsternhaufen sind nicht die einzigen Objekte, die in kleineren Fernrohren nebelartig wirken. Der Begriff Nebel wird aus historischen Gründen in der Astronomie auch für eine Reihe von Gebilden verwendet, die in Wirklichkeit ganz unterschiedlicher Natur sind. Bei einigen handelt es sich wirklich um Nebel aus Gas oder Staub. Die gasförmige Komponente wird durch die Strahlung benachbarter heißer Sterne zum Leuchten angeregt; die staubförmige Komponente reflektiert lediglich das Licht der Nachbarsterne. Hingegen gibt es auch „Nebel“, die nur deshalb und ganz zu Unrecht diesen Namen tragen, weil man früher annahm, es handele sich um Nebel. In Wirklichkeit bestehen sie aus hunderten Milliarden von Sonnen und bilden ferne Sternsysteme außerhalb unserer Galaxie. Die irreführende Bezeichnung Nebel für diese Objekte hat sich bis heute erhalten; freilich weiß der Eingeweihte, um welche Art von Nebel es sich handelt. Der Orionnebel zum Beispiel ist ein großer Gas- und Staubnebel unseres eigenen Sternsystems, den wir im Wintersternbild Orion finden. Der Andromedanebel hingegen ist ein benachbartes Sternsystem, das wir im Herbstbild Andromeda beobachten können.
Alle hier erwähnten Objekte – Sternwolken, Sternhaufen und Nebelflecke – bieten im Feldstecher prachtvolle Anblicke. Deshalb geben wir jetzt eine Zusammenstellung der geeignetesten Beobachtungsobjekte nach den Jahreszeiten geordnet, in denen sie hauptsächlich zu sehen sind. Bei den Objekten ohne Eigennamen werden die Nummern genannt, unter denen sie im Katalog von Messier (M) verzeichnet sind.

Es muß nicht groß und teuer sein

Wer seine „Himmelsabenteuer“ mit dem Feldstecher erlebt hat, wird sich vielleicht ein leistungsfähigeres Beobachtungsinstrument wünschen. Ehe wir darauf eingehen, wie man sich ein solches Fernrohr beschaffen oder wie man es mit einigem Geschick auch selbst herstellen kann, seien noch einige Bemerkungen über die Leistungsfähigkeit von Fernrohren gestattet.

Das längste Linsenfernrohr der Erde, der große Refraktor der Archenhold-Sternwarte Berlin-Treptow. Das 1896 erbaute Instrument mit 21 m Brennweite ist nach umfangreichen Reparaturarbeiten heute wieder in Gebrauch. Im Vordergrund: Prof. Dr. Dieter B. Herrmann, Direktor der Sternwarte und Autor dieses Buches.

Oft strebt der begeisterte Sterngucker ganz zu Unrecht ein möglichst großes und damit auch teures oder nur mit beträchtlichem Aufwand herstellbares Instrument an, ohne zu berücksichtigen, für welchen Zweck er es verwenden will. Auch wird die Leistungsfähigkeit der Fernrohre dabei meist ganz falsch eingeschätzt. Bekanntlich hatten die ersten Galileischen Fernrohre nur Objektivdurchmesser von etwa 20 mm, und selbst am Ende des 18. Jahrhunderts kam man bei der Herstellung farbfehlerfreier Linsen für astronomische Fernrohre nicht über Durchmesser von 100 bis 120 mm hinaus. Denken wir aber an die großen Entdeckungen, die mit diesen kleinen Instrumenten gelungen sind, so sollten wir ernsthaft prüfen, ob wir unbedingt ein Instrument benötigen, das einen Objektivdurchmesser von mehr als 150 mm aufweist. Eine der berühmtesten Durchmusterungen des Himmels, die an der Bonner Sternwarte um die Mitte des 19. Jahrhunderts durchgeführt wurde, umfaßt die genäherten Positionen und Helligkeiten von mehr als 324 000 Sternen. Das „Produktionsinstrument" für diese bedeutende Datensammlung war ein Linsenfernrohr von 76 mm Objektivdurchmesser und 650 mm Brennweite!

Schon kleine Fernrohre besitzen gegenüber dem unbewaffneten Auge eine erstaunliche Leistungsfähigkeit, wie das Beispiel der Feldstecher-Sternwarte zeigte. Die mit einem Fernrohr überschaubare Entfernung im Weltall, die „raumdurchdringende Kraft" des Teleskops, wächst proportional mit der freien Öffnung des Instruments. Die Reichweite gegenüber der Beobachtung mit dem bloßen Auge können wir sehr leicht bestimmen, indem wir die jeweilige Öffnung eines Fernrohrs zur Öffnung der menschlichen Pupille in Beziehung setzen. Mit unserem Auge, dessen Pupillenöffnung bei Dunkelheit maximal 8 mm beträgt, vermögen wir einen Stern von der Helligkeit unserer Sonne noch in etwa 60 Lj Entfernung zu sehen. Folglich beträgt die Reichweite eines Fernrohrs mit einer Öffnung von 80 mm bereits 600 Lj, bezogen auf Sterne der Sonnenhelligkeit; für hellere Sterne reicht unser Teleskop noch weiter. Da nun das Volumen einer Kugel mit der dritten Potenz ihres Durchmessers anwächst und wir den kosmischen Raum mit unserem Auge ebenso wie mit dem Fernrohr in allen Richtungen beobachten können, zeigt uns ein 80-mm-Fernrohr schon das Tausendfache des Rauminhalts vom Weltall, der uns mit dem bloßen Auge zugänglich ist. Dies bedeutet aber gleichzeitig, daß wir auch etwa tausendmal so viele Objekte wahrzunehmen vermögen wie mit unserem Sehorgan. Da dem bloßen Auge an einer Halbkugel des Himmels rund 3 000 Sterne zugänglich sind, zeigt demnach ein 80-mm-Refraktor bereits ungefähr 3 Millionen Sterne! Ferne Objekte außerhalb unseres Milchstraßensystems gelangen in den Bereich des Beobachtbaren, während wir mit dem unbewaffneten Auge von solchen Gebilden nur den Andromedanebel sehen können, das gewaltige Sternsystem in der Nachbarschaft der Milchstraße oder die beiden Magellanschen Wolken am südlichen Sternhimmel.

Special

Objekte am Winterhimmel

Offene Sternhaufen

Plejaden	im Stier,	Entfernung 420 Lj
Hyaden	im Stier,	Entfernung 130 Lj
Krippe	im Krebs,	Entfernung 520 Lj
M35	in den Zwillingen,	Entfernung 2600 Lj
M67	im Krebs,	Entfernung 3000 Lj
M41	im Großen Hund,	Entfernung 2500 Lj
M46	im Einhorn,	Entfernung 2200 Lj
M37	im Fuhrmann,	Entfernung 4100 Lj
M36	im Fuhrmann,	Entfernung 4100 Lj
M38	im Fuhrmann,	Entfernung 3300 Lj

(Die Objekte M 36 bis M 38 erscheinen in einem sechs- bis achtfachen Weitwinkelglas gleichzeitig im Gesichtsfeld.)

Nebel

Großer Orionnebel M42,	Entfernung 1600 Lj
Andromedanebel M31 mit Begleiter M32,	Entfernung 2200000 Lj
Dreiecknebel M33,	Entfernung 2600000 Lj

Objekte am Sommerhimmel

Sternwolken der Milchstraße bei α Cyg (Deneb)
zwischen β und γ Cyg (Albireo und Sadir)
bei λ Aql („Große Wolke im Schild")
Sternwolken im Sgr

Offene Sternhaufen

M11	im Schild,	Entfernung 4000 Lj
M16, M18, M23, M24, M25	im Schützen,	

Kugelsternhaufen

M22	im Schützen
M13 und M92	im Herkules
M2	im Wassermann
M15	im Pegasus
M5	in der Schlange
M4 und M80	im Skorpion
M3	in den Jagdhunden

Nebel

Planetarischer Nebel M27 im Fuchs, (Hantelnebel)	Entfernung 320 Lj
Planetarischer Nebel M57 in der Leier, (Ringnebel)	Entfernung 1600 Lj

Nordamerikanebel im Schwan

Dunkelnebel bei α Cyg, bei γ Aql und in der Milchstraße von Adler bis Schütze

Alle hier erwähnten Objekte bieten – je nach Jahreszeit – im Feldstecher prachtvolle Anblicke.

Der Gewinn an Reichweite und beobachtbarer Sternzahl ist also beim Übergang vom bloßen Auge zu einem kleinen Fernrohr beträchtlich. Will man nochmals einen vergleichbaren optischen „Sprung" in die Weiten des Kosmos machen, dann bedarf es bereits erheblicher Aufwendungen. Benutzen wir beispielsweise ein 100-mm-Fernrohr, so vergrößert sich die Reichweite entsprechend dem Durchmesserzuwachs des Instruments um 25 Prozent und der überschaubare Raum um das Doppelte.

Natürlich besteht die Leistungsfähigkeit eines Fernrohrs nicht allein in seiner Reichweite und der sich mit dem Objektivdurchmesser erhöhenden Anzahl der sichtbaren Sterne. Auch die anderen schon besprochenen wichtigen Kenngrößen muß der Sternfreund bei der Auswahl eines für seine Zwecke geeigneten Fernrohrs berücksichtigen.

Bastelsatz für wenig Geld

Viele Sternenfans beginnen ihre „Eroberung" des Kosmos mit einem Fernrohr, dessen Objektiv aus einem Brillenglas und dessen Okular aus einem kurzbrennweitigen Vergrößerungsglas besteht. Die Qualität der Bilder, die man mit so einfachen Teleskopen erhält, befriedigt natürlich nicht lange. Man befindet sich mit einem „Brillenglasfernrohr" etwa auf dem technischen Stand der Galileizeit. Der Vorteil ist allerdings, daß ein solches Gerät nur sehr wenig kostet.

Zu einem recht brauchbaren und äußerst preiswerten kleinen Fernrohr verhilft uns ein von der Firma Jenoptik Carl Zeiss Jena

Die Große Magellansche Wolke, ein auch mit bloßem Auge sichtbares Sternsystem am Südhimmel, mit Gasnebel 30 Doradus (45 Minuten belichtet auf Agfachrom 1000 RS Diafilm).

GmbH angebotener Bastelsatz. Er enthält ein Objektiv für ein Fernrohr und zwei Okulare sowie eine Okularsteckhülse mit einem Anschlußgewinde. Das Objektiv besitzt einen Durchmesser von 50 mm und eine Brennweite von 540 mm.

Die Astroobjektive werden heute so zusammengesetzt und geschliffen, daß der frühere Nachteil der Linsenfernrohre, die Farbabweichung, kaum noch in Erscheinung tritt. Prinzipiell sind farbige Ränder bei den durch Linsen entworfenen Bildern deshalb zu erwarten, weil das Licht beim Durchtritt durch die Glaskörper gebrochen wird. Da nun jede Wellenlänge einen anderen Brechungsindex besitzt, das heißt mehr oder weniger stark gebrochen wird, erscheint um ein solches Bild ein mehr oder weniger ausgeprägter Farbsaum.

Der englische Optiker John Dollond (1706 – 1761) machte im Jahr 1758 eine Erfindung, mit der man diesen Abbildungsfehler ausgleichen konnte. Er kombinierte zwei Linsen aus verschiedenen Glassorten so, daß die Zerlegung des Lichts in die Spektralfarben beim Durchgang gerade aufgehoben wird. Wesentliche praktische und theoretische Grundlagen für die Herstellung solcher achromatischer Linsen schuf der deutsche Techniker und Wissenschaftler Joseph von Fraunhofer (1787 – 1826).

Objektiv und Okular

Der Zeiss-Bastelsatz enthält ein Objektiv vom Fraunhofertyp, ein sogenanntes E-Objektiv. Diese Linsen genügen dem Anfänger vollauf. In den meisten käuflich erhältlichen Amateurfernrohren befinden sich allerdings noch bessere Objektive.

Das E-Objektiv des Bastelsatzes wird bereits in einer Fassung geliefert. Dem Geschick des zukünftigen Fernrohrbesitzers ist es nun überlassen, die beiden optischen Bestandteile seines Teleskops, das Objektiv und das Okular, mechanisch in einem Rohr auf geeignete Weise zu befestigen. Allerdings muß er darauf achten, daß beide Linsen streng senkrecht zur Rohrachse angebracht werden, die zugleich die optische Achse des Systems bildet. Verkantungen stören die Bildqualität.

Diverse Elemente aus dem reichhaltigen Zeiss-Angebot von Astrozubehör.

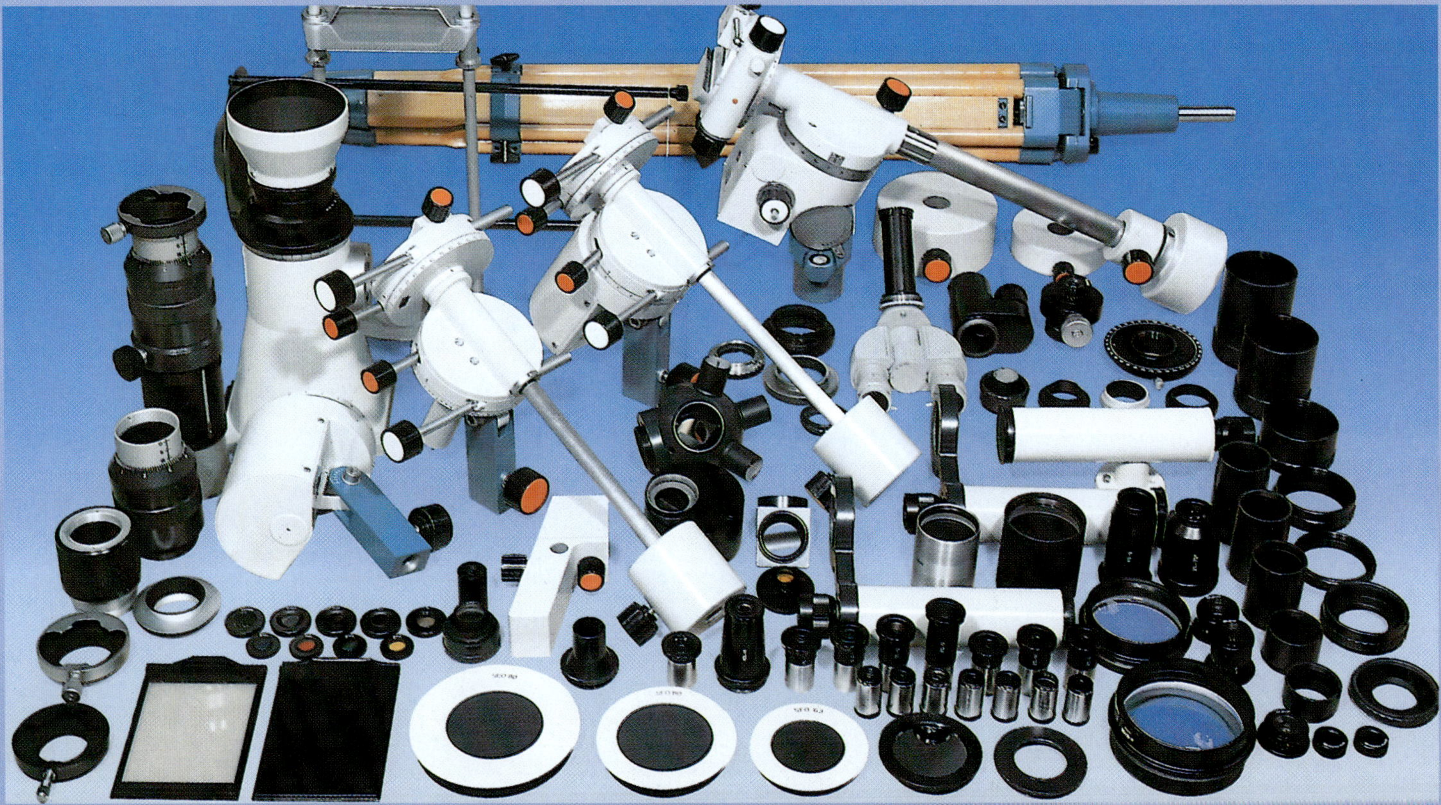

Auch hier: Stativ ist wichtig

Links: Das Zeiss-Spiegelteleskop Meniscas – ein Instrument für den Amateur mit hohen Ansprüchen.
Rechts: Verschiedene Teile des Zeiss-Bausatzes für ein astronomisches Fernrohr.

Die zum Bastelsatz gehörenden Okulare gestatten Vergrößerungen von 22- und 34fach. Wie wir bereits wissen, ist es nicht möglich, bei solchen Vergrößerungen ohne ein Stativ auszukommen. Meist wird man sich jedoch mit einer einfachen Montierung begnügen, die lediglich die Verstellung des Rohres in den beiden Koordinaten Azimut, das heißt Horizontebene, und Höhe gestattet. Eine solche Montierung wird als azimutale Montierung bezeichnet. Da das aus dem Bastelsatz zusammengebaute Instrument sehr leicht ist, können wir es auch ohne weiteres auf ein Kugelgelenk setzen, das wir auf einem kräftigen Fotostativ befestigen. Ein Aufsatz für kleinere Filmkameras eignet sich für unsere Montierung ebenfalls ausgezeichnet.
Als Tubus kann ein Rohr aus Kunststoff wie aus Leichtmetall dienen. Das Objektiv wird zweckmäßig nicht unmittelbar am Rohranfang befestigt, sondern etwas nach innen versetzt eingepaßt. Dann schützt der vordere Teil des Rohres sowohl vor Tau als auch vor unliebsamem Streulicht. Das Okular müssen wir so anbringen, daß es sich verschieben läßt. Da die entsprechende Steckhülse bereits ein Gewinde besitzt, können wir eine Metallschiebehülse verwenden, die wir ebenfalls mit Gewinde versehen. Das Innere des Rohres sollte matt geschwärzt werden, damit keine störenden Reflexe auftreten.

Verlockende Angebote

Wie für jedes andere Hobby, so gilt auch für die Astronomie: man kann der Faszination des Gegenstandes so stark erliegen, daß schließlich ein wichtiger Wert des Lebens aus dieser Beschäftigung erwächst, der ihm einen zusätzlichen und zugleich erhebenden Inhalt verleiht. Von der Astronomie kann man um so mehr profitieren, als diese Wissenschaft tatsächlich Bildungsinhalte besitzt, wie kaum eine andere Naturwissenschaft: ihre Wurzeln und Auswirkungen reichen bis in die Kulturgeschichte und die Philosophie der Menschheit, aber auch in so praktische Disziplinen wie Technik, Optik oder Fotografie. Wer einmal so tief „eingestiegen" ist, daß er die Astronomie wirklich in seine persönliche Lebensgestaltung integriert hat, der ist auch bereit, mehr zu opfern als nur Zeit. Vor allem wird der Wunsch entstehen, ein leistungsstärkeres Instrument für die Beobachtungen zu besitzen, zumal wenn vielleicht die ernsthafte Absicht besteht, durch eigene systematische Beobachtungen der Fachwissenschaft Material in die Hand zu geben, das sogar für die wissenschaftliche Forschung dienlich sein kann. Hier sind dem Sternfreund heute praktisch kaum noch Grenzen gesetzt. Andererseits gilt in noch größerem Umfang, was schon vorhin über die „Feldstecher-Sternwarte" gesagt wurde: man benötigt einen gründlichen Überblick über die Produkte der verschiedensten Anbieter, muß sich selbst recht genau im klaren darüber sein, welchen speziellen Zweck man mit der Anschaffung eines Instrumentes verfolgt und wie groß der finanzielle Einsatz jeweils sein soll. In diesem Buch werden lediglich einige der bekanntesten und in Europa unter den Sternfreunden verbreitetsten Amateurinstrumente abgebildet oder genannt; von einem auch nur annähernd repräsentativen Querschnitt kann keine Rede sein. Wer sich nicht zutraut, aus den diversen Angebotskatalogen selbst das Richtige für seine Zwecke auszuwählen, sollte eine der vielen Volkssternwarten oder eine astronomische Vereinigung in der Nähe seines Heimatortes ansprechen und sich dort beraten lassen (Vgl. die Liste der wichtigsten Anschriften für Deutschland, die Schweiz und Österreich im Anhang).

Die Kosten fertiger astronomischer Spiegelteleskope oder Linsenfernrohre sind allerdings nicht gering. Es sei deshalb an dieser Stelle nochmals ausdrücklich darauf hingewiesen, daß man auch hochwertige Teleskope selbst bauen kann, indem man statt des ganzen Fernrohrs lediglich entsprechende Optiken und Teleskopbaugruppen käuflich erwirbt. Wer ein Fernrohr selbst gebaut hat – und sei es auch unter Verwendung vorgefertigter und gekaufter Teile –, dann vielleicht nachts am Fernrohr seine erste Platte belichtet und sie schließlich selbst entwickelt, empfindet in der Dunkelkammer eine tiefe Genugtuung, wenn die ersten zarten Schleier ferner kosmischer Welten hervortreten. Ein Fotolaborant etwa, der nach vorgefertigten Rezepturen eine gelieferte Platte entwickelt, zu der ihm jede innere Beziehung fehlt und mit deren Informationsgehalt er nichts anzufangen vermag, ist hier arm daran. Denn gerade die Freude, die innere Bereicherung, das Hineinfühlen in die Probleme des Werdens einer Wissenschaft sind die Trümpfe des Amateurs, ein wesentliches Motiv seiner Arbeit. Soviel wie möglich selbst bauen und selbst probieren, sei daher die Devise.

Auf berühmten Spuren

Übrigens leben wir auch damit ein Stück wirklicher Astronomiegeschichte nach! Die großen Forscher früherer Zeiten waren nämlich meist zugleich auch die Erbauer ihrer eigenen Instrumente. Namen wie Galileo Galilei, Johann Hevelius oder Friedrich Wilhelm Herschel stehen hier für viele weitere. Herschel hat jedoch nicht nur seine riesigen Teleskopkonstruktionen selbst entworfen und viele kleinere Fernrohre selbst gebaut, sondern auch seine Spiegel selbst geschliffen – anfangs wegen der hohen Kosten käuflicher Instrumente, die er nicht aufbringen konnte, doch dann als eine förmliche Leidenschaft. Mancher Sternfreund fragt nun zu Recht, ob er seine Spiegel nicht ebenfalls selbst schleifen könnte. Und in der Tat gibt es auch auf diesem Gebiet heute noch manches Vorbild. Der ungarische Astronom György Kulin zum Beispiel, in früheren Jahrzehnten der Fachwelt dank der Entdeckung Kleiner Planeten und Kometen durchaus kein Unbekannter, verschrieb sich später ganz der Amateurastronomie und leitete viele Jahre die Budapester Urania-Sternwarte. Seine besondere Vorliebe galt dem Spiegelschleifen. Viele Hunderte Spiegel sind aus seiner Werkstatt gekommen – durchaus ein

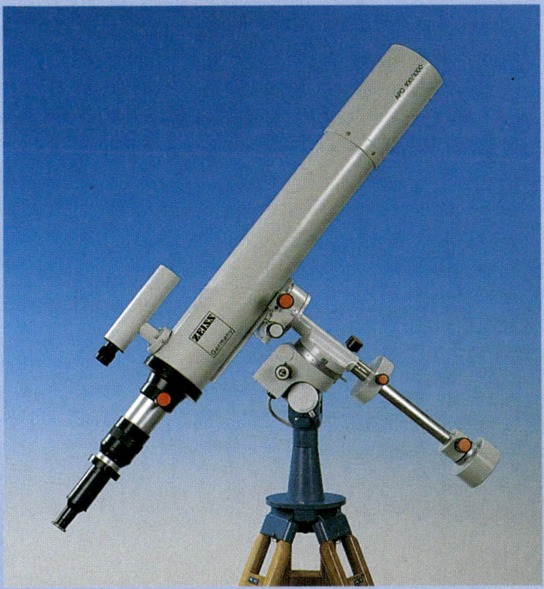

Beweis, daß man gute optische Spiegel auch selbst schleifen kann. Wer es also versuchen möchte, sei auf die Spezialliteratur im Anhang dieses Buches verwiesen, aber auch auf erreichbare astronomische Vereinigungen, wo es womöglich sogar eine Spiegelschleifergruppe gibt, der man sich anschließen kann.

Es wäre aber schade, wenn die Hilfswerkzeuge zum Selbstzweck würden, wie dies manchmal vorkommt. Jahrelang wird konstruiert und gebaut oder gespart und gekauft, und wenn das Instrument dann dasteht, wandert es bald in eine Ecke. Das Fernrohr ist ein Hilfsmittel. Die Oberhand sollte das Schauen, Beobachten und Forschen behalten. Natürlich ist es durchaus erhebend, wenn man mit einem selbstgebauten Instrument beobachten kann.

Ob nun mit selbstgebautem Fernrohr oder mit einem gekauften Instrument, man wird schnell zum begeisterten Sternfreund, wenn man einmal die Wunder des Weltalls mit eigenen Augen erschaut hat. Allerdings darf man sich nicht unbedingt an den Astrofotos orientieren, die in den großen illustrierten Zeitschriften oder Bildbänden zu sehen sind. Sie wurden – wie unser Farbfoto der Milchstraße (rechts) – mit großen Instrumenten aufgenommen und bieten stets viel mehr, als wir auch an einem guten Fernrohr sehen können.

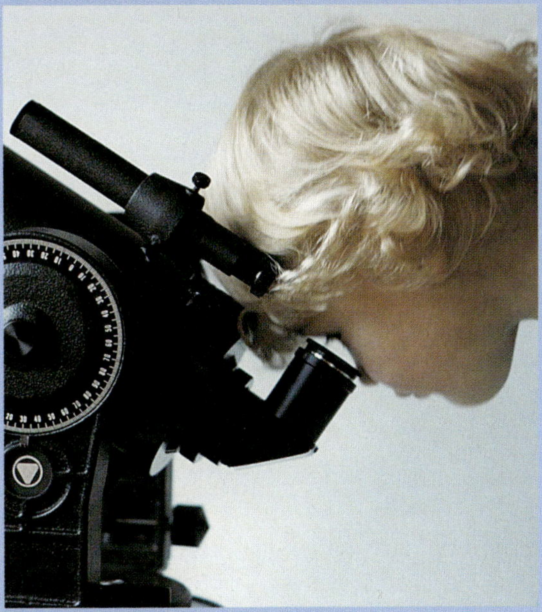

Blick in die phantastische Welt des Milchstraßenzentrums, wie er allerdings mit Kleinteleskopen visuell nicht zu erreichen ist.
Links: Ein leicht zu handhabendes und transportables Kleinteleskop.
Oben links: Ein klassischer Refraktor für hohe Ansprüche des Amateurs: APQ 100/1000 .

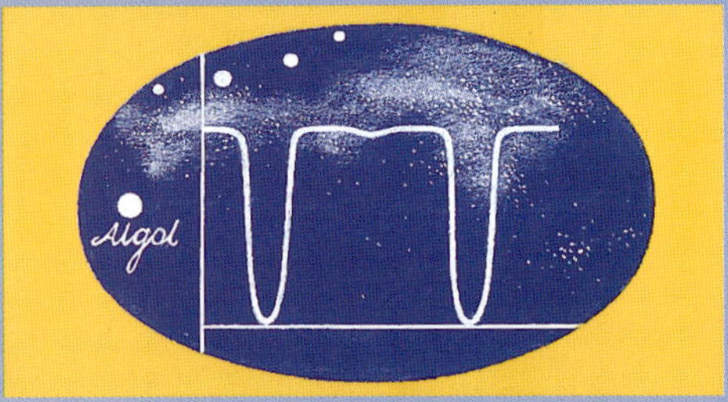

Typische Lichtkurve eines Veränderlichen (Algol = β Persei), dessen Helligkeitsschwankung durch gegenseitige Bedeckung der beiden Komponenten eines Doppelsternsystems zustande kommt.

Astro-Amateur heute

Wer seine Freizeit einem Hobby widmet, fragt sich meist, welchen Nutzen er damit stiften kann. Nicht alle begnügen sich damit, persönliche Freude und Befriedigung zu finden. Sie haben vielmehr das Bedürfnis, in einer Gemeinschaft Gleichgesinnter etwas zu leisten, was auch der Allgemeinheit dient.

Als Helfer der Wissenschaft

Laienschauspieler oder -tänzer brauchen ein Publikum, Amateurmaler aus Leidenschaft wollen auch anderen Freude bringen und stellen ihre Bilder darum aus. Ähnlich die Sterngucker aus Passion. Betreiben sie ihre Liebhaberei mit Ernst und Eifer, so sind sie in der Lage, einen bemerkenswerten Nutzen zu erzielen. Einerseits gewinnen sie durch ihre Arbeit Kenntnisse und Erfahrungen, die sie in Arbeitsgemeinschaften oder Veranstaltungen der Volkssternwarten weitergeben können. Andererseits haben sie bei kluger Wahl ihrer Beobachtungsobjekte aber auch die Möglichkeit, den beruflich tätigen Himmelsforschern mit ihrem Beobachtungsmaterial zu helfen und so einen direkten Beitrag zur Erweiterung unseres Wissens vom Weltall zu leisten. Wem würde es nicht Genugtuung bereiten, wenn er seine Ergebnisse in den Tabellen von Fachzeitschriften wiederfindet, wo sie vielleicht benutzt werden, um bisher Unbekanntes zu enträtseln oder nicht genügend gesicherte Befunde zu erhärten. So vermag der Amateur das große Bild der Naturwissenschaft in bescheidenem Umfang durchaus mitzugestalten.

Durchblättern wir die populärwissenschaftlichen astronomischen Zeitschriften der letzten Jahre, so finden wir immer wieder Beiträge, in denen sich Liebhaberastronomen, aber auch Vertreter der Fachastronomie über die Tendenzen der Amateurastronomie äußern. Die Amateure beklagen sich oft darüber, daß ihre mit so viel Mühe und Zeitaufwand angestellten Beobachtungen kein Interesse der Fachwelt mehr finden, weil diese heute mit den hochentwickelten professionellen Methoden der Beobachtung und Auswertung weit jenseits der Möglichkeiten des Amateurs arbeitet. Die Planetenzeichnungen, die früher Aufmerksamkeit erregten, die zeichnerische Darstellung von Oberflächendetails, vor allem des Mars und des Jupiter, muten in unseren Tagen – so resigniert der Liebhaberastronom – wie Überbleibsel einer vergangenen Zeit an, da doch Raumsonden zu den Planeten fliegen und Fotos aus unmittelbarer Nähe mit großem Detailreichtum zu uns herunterfunken.

Ein deutscher Amateur von internationalem Ansehen, der durch seine fotografischen Sternatlanten jedem ernsthaften Sternfreund bekannte Hans Vehrenberg, schrieb dazu: „Was für den Nicht-Fachmann übrig bleibt, so scheint mir, ist nur noch das Vergnügen an eigenen Beobachtungen, das Nachvollziehen der bedeuten-

Komet West 1976 VI (belichtet 20 Sekunden ohne Nachführung auf Kodak Ektachrome High Speed 23 DIN).

den Entdeckungen des 19. Jahrhunderts, und die Vermittlung astronomischer Kenntnisse an andere. Das allein mag genügen, sich ein Leben lang für die Astronomie zu begeistern, aber der Drang, einen kleinen Beitrag zur Entwicklung unserer Kenntnisse zu leisten, ist doch für viele Sternfreunde übermächtig."

Verschiebung der Schwerpunkte

Doch wie schon gesagt, die Situation der Amateurastronomie ist durchaus nicht so pessimistisch zu beurteilen, wie es manche Amateure und auch einige Berufsastronomen heute tun. Mit gleichem Recht könnte der Fachmann unter den Planetenforschern behaupten, daß die Entwicklung der Raumfahrt und die Entsendung von Sonden zu Merkur, Venus, Mars und Jupiter ihn brotlos machen würden. In Wirklichkeit handelt es sich hierbei um eine Entwicklung, die Methoden und Schwerpunkte auch der Fachastronomie verändert und uns letztlich zu umfangreicherem Wissen über die Objekte des Sonnensystems verhilft. Solche Entwicklungen hat es immer gegeben, und sie sind ein organischer Bestandteil der fortschreitenden Wissenschaft. Ernsthafte Sternfreunde diskutieren daher gemeinsam mit den Fachwissenschaftlern darüber, wo heute die Möglichkeiten liegen, durch Amateurarbeit – wenn auch zum Teil nur noch in bescheidenem Umfang – zur Forschung beizutragen. Falsch wäre es, den herkömmlichen amateurastronomischen Objekten und Methoden kritiklos weiter zu huldigen und sich dann darüber zu beklagen, daß die Ergebnisse nirgendwo ein Echo finden.

Anspruchsvolle Aufgaben

Wer also mit seinem Instrument mehr anstrebt, als zur eigenen Freude am Himmel zu spazieren, der braucht darauf auch in unserer Zeit einer hochentwickelten Technik der Kosmosforschung nicht zu verzichten. Ihm bieten sich durchaus anspruchsvolle Aufgaben, die allerdings viel Einsatzbereitschaft, Durchhaltevermögen und Liebe zur Sache erfordern, wenn sie tatsächlich zum Nutzen der Wissenschaft gelöst werden sollen.
Im folgenden Abschnitt werden einige Hinweise zur Beobachtung ausgewählter

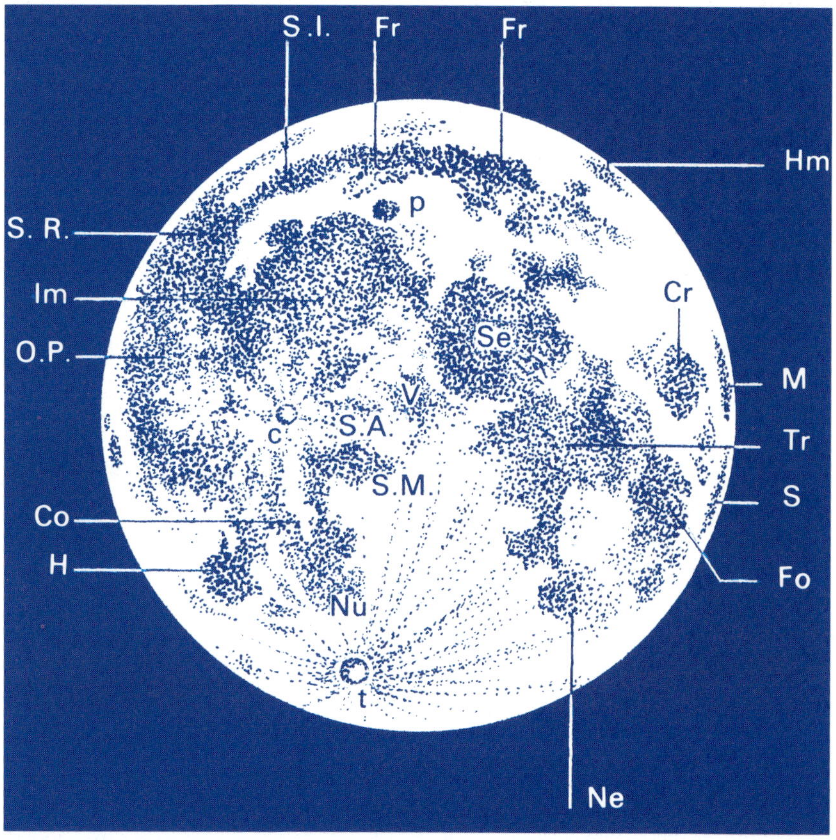

Mit bloßem Auge sichtbare Mondformationen: S.I. = Sinus Iridum (Regenbogenbucht); Fr. = Mare Frigoris (Meer der Kälte); Hm = Mare Humboldtianum (Humboldt-Meer); S.R. = Sinus Roris (Bucht des Taues); Im = Mare Imbrium (Regenmeer); p = Krater Plato; O. P. = Oceanus Procellarum (Meer der Stürme); Se = Mare Serenitatis (Meer der Heiterkeit); Cr = Mare Crisium (Meer der Gefahren); M = Mare Marginis (Randmeer); S.A. = Sinus Aestuum (Bucht der Fluten); V = Mare Vaporum (Meer der Dämpfe); Tr = Mare Tranquillitatis (Meer der Ruhe); Co = Mare Cognitum (Meer der Erkenntnis); S.M. = Sinus Medii (Zentralbucht); Fo = Mare Foecunditatis (Meer der Fruchtbarkeit); S = Mare Smythii (Smyth-Meer); H = Mare Humorum (Meer der Feuchtigkeit); Nu = Mare Nubium (Meer der Wolken); Ne = Mare Nectaris (Nektarmeer); t = Krater Tycho; c = Krater Kopernikus.

Objekte, zur Auswertung dieser Beobachtungen und zu dem damit verbundenen Nutzen für die Wissenschaft gegeben. Wer sich hierbei die ersten Sporen verdient und ein unbedingt erforderliches Pensum an Übungsstunden hinter sich gebracht hat, findet in der Spezialliteratur sowie in Volkssternwarten und bei astronomischen Vereinigungen gewiß weitere Ratschläge.

Spaziergang auf dem Mond

Der Mond ist unser Nachbar im kosmischen Raum. Von ihm trennen uns im Mittel nur 384 400 km – lächerlich wenig im Verhältnis zu der schon rund vierhundertmal größeren Entfernung der Sonne; ganz zu schweigen von den Distanzen, die bis zu den großen Planeten Jupiter und Saturn zu überbrücken sind.

Da der Mond mit 3 476 km Durchmesser fast ein Drittel des Erddurchmessers besitzt, erscheint er uns aus einer mittleren Entfernung fast unter demselben Durchmesser wie die Sonne. Für den Fernrohrbeobachter ist unser natürlicher Begleiter allein aus diesem Grund ein außerordentlich dankbares Objekt. Hinzu kommt der Reichtum der verschiedenen Mondformationen, der Krater, Gebirgszüge, Rillen, ausgedehnten Ebenen und Hochländer.

Mondkarten

Seit Galileo Galilei zum erstenmal ein Fernrohr auf den Erdtrabanten richtete, sind Jahrhunderte vergangen. Hervorragende Beobachter haben mit immer besseren Instrumenten den benachbarten Himmelskörper nach allen Regeln der Kunst durchforscht. Die lange Reihe berühmter Mondkarten reicht von der „Selenographia“ (griech. selene = Mond) des Johann Hevelius im Jahre 1661 bis zu der riesigen Karte des Volksschullehrers und Privatastronomen Joh. Philipp Heinrich Fauth (1867 – 1941), der den Mond im Maßstab 1 : 1 000 000, das heißt mit einem Durchmesser von 350 cm, abgebildet hat. Später kamen die fotografischen Darstellungen der Mondoberfläche hinzu. Inzwischen hat die Erforschung unseres kosmischen Begleiters durch die Raumsonden der UdSSR und der USA sowie durch die bemannten „Apollo“-Unternehmen derartige Fortschritte gemacht, daß uns seine Beobachtung und zeichnerische Darstellung unter Verwendung kleinerer oder selbst größerer Fernrohre kaum noch Neuigkeiten zu bringen vermag. Jedoch sollte der Sternfreund bedenken, daß sich gerade der Mond gut dazu eignet, die Beobachtungsgabe zu schulen und persönliche Erfahrungen im Beobachten zu sammeln, die dann bei der Ausführung anderer Aufgaben von Nutzen sein können.

Obwohl bereits Mondkarten von nicht mehr zu überbietender Qualität vorliegen, wird es sich für den Amateur, der sich der Beobachtung des Erdtrabanten zuwendet, lohnen, eine eigene Mondkarte zu zeichnen. Das erfordert allerdings viel Fleiß und Geduld. Auch dürfte es sich oft als zweckmäßig erweisen, Fotografien bestimmter Gebiete der Mondoberfläche zu Hilfe zu nehmen.

Wechselnde Beleuchtung

Probleme entstehen bei der zeichnerischen Darstellung von Objekten der Oberfläche dieses Himmelskörpers vor allem wegen der unterschiedlichen Beleuchtung der Formationen, die aus der ständig wechselnden Stellung des Mondes zur Sonne folgt. Der Sternfreund muß daher die zu jeder Beobachtung gehörenden spezifischen Beleuchtungsverhältnisse angeben, indem er die Lage der Licht-Schatten-Grenze, des Terminators, notiert. Im Laufe eines Jahres wandert der Terminator 25mal über jedes Objekt. Hieraus ersehen wir bereits, unter wie vielen verschiedenen Beleuchtungsverhältnissen die Objekte der Mondoberfläche erscheinen. Die tatsächliche Gestalt vieler Formationen zu erkennen wird daher dem Anfänger ganz erhebliche Schwierigkeiten bereiten.

Die Lage des Terminators können wir für jeden Tag z. B. „Ahnerts Kalender für Sternfreunde“ entnehmen, wo sie in der Rubrik „Ephemeriden des Mondes“ unter der Bezeichnung Lichtgrenze (Lgr) angeführt ist. Der dort enthaltene Winkel (mit positivem oder negativem Vorzeichen) gibt den selenographischen Längengrad an, auf dem die Sonne zum jeweiligen Zeitpunkt bei zunehmendem Mond aufgeht oder bei abnehmendem Mond untergeht.

Die Längengrade

Die Längenzählung des Mondes verläuft im Unterschied zur Längenzählung auf der Erde nicht durch alle Winkel des Vollkreises. Da sich unser Begleiter in derselben Zeit einmal um seine Achse dreht, in der er seinen Bahnumlauf um die Erde vollzieht, können wir stets nur die eine Seite dieses Himmelskörpers beobachten. Die Längengrade werden deshalb einfach vom mittleren Mondmeridian westwärts positiv und ostwärts negativ gezählt. Allerdings sind die Sichtbarkeitsbedingungen trotz der als gebunden bezeichneten Rotation nicht immer gleich. Einerseits durchläuft der Mond seine Bahn mit unterschiedlicher Geschwindigkeit und steht teils nördlich, teils südlich der Erdbahnebene, während andererseits der irdische Beobachter aus verschiedenen Richtungen auf den Mond blickt. Diese drei verschiedenen Schwankungen, bezeichnet als Libration, führen dazu, daß wir trotz gleichförmiger Rotation des Mondes nicht – wie zu erwarten – die Hälfte seiner Gesamtoberfläche sehen, sondern 60 Prozent. Der Mondrand kann sich insgesamt bis zu 10° verschieben, so daß sich der Anblick der Randpartien für den Beobachter erheblich ändert. Hinzu kommt die perspektivische Verkürzung der Objekte am Mondrand. All dies macht die Beobachtung randnaher Gebiete ziemlich schwierig.

Die Mondsichel (überbelichtet) mit aschgrauem Mondlicht („Erd“-Licht auf dem Mond) (10 Sekunden belichtet auf Agfachrome 1000 RS Diafilm).

Lange Brennweite

Für die visuelle Mondbeobachtung eignen sich langbrennweitige Linsenfernrohre und Spiegelteleskope am besten. Das Öffnungsverhältnis kann zwischen 1 : 15 und 1 : 20 betragen. Dämpfgläser bilden für den Mondbeobachter einen unverzichtbaren Teil seiner Ausrüstung, da die Helligkeit des Mondbildes im Fernrohr recht beträchtlich ist.

Die Mondbeobachter vor Jahrhunderten mußten zunächst den Grund für eine zuverlässige Topographie der Oberfläche des Erdtrabanten legen. Der Amateurbeobachter von heute sollte sich aber, bevor er mit seiner zeichnerischen Darstellung beginnt, eingehend über die Oberflächendetails dieses Himmelskörpers informieren. Dazu können gute Mondkarten dienen, die mit dem Fernrohrbild verglichen werden, so daß sich der Sternfreund nach und nach auf dem Mond auskennt. Als Gerüst für die Zeichnungen benutzen wir Umrißkarten, die wir uns selbst unter Verwendung eines Mondatlasses anfertigen können. Entweder pausen wir die Umrisse des zu zeichnenden Gebiets aus dem Atlas, oder wir fotografieren sie blaß. Beim Zeichnen müssen wir natürlich beachten, daß die für den Laien so eindrucksvollen Schattenwürfe auf dem Mond, die verblüffende plastische Wirkungen beim Betrachten hervorrufen, für das Erfassen der Oberflächendetails unwichtig sind.

Als Beispiel einer mustergültigen topographischen Darstellung kann die Zeichnung des Kraters Fauth durch dessen Namenspatron Philip Fauth (1867 – 1941) gelten. Als die Internationale Astronomische Union diesen Doppelkrater im Jahr 1932 auf seinen Namen taufte, entschloß sich der Mondforscher, dem Objekt „noch eingehendere Aufmerksamkeit zu widmen, damit die Zeichnung wirklich alles Erreichbare enthält". Der Krater Fauth liegt südlich des prachtvollen Ringgebirges Kopernikus und läßt sich daher sehr leicht finden.

Eine Fülle von Fragen

Zum Schluß sei noch eine Liste von Fragen aufgeführt, die der Mondbeobachter beim zeichnerischen Erfassen von hellen Strahlensystemen klären sollte. Die Fülle dieser Fragen vermittelt eine Vorstellung davon, mit welcher Sorgfalt der Amateurforscher an sein Objekt herangehen muß, wenn er brauchbare Ergebnisse erzielen will:

Wo setzt der Strahl an? – Wie verläuft er? – Wo endet er? – Wie breit ist er? – Wie hell ist er? – Variiert die Helligkeit des Strahls in der Länge und Breite und an welchen Stellen und zu welchen Zeiten? – Wie ist die Bodenbeschaffenheit im Gebiet des Strahls? – Wird der Strahl eventuell nur vorgetäuscht, zum Beispiel durch einander folgende helle Punkte, weiße Krater oder Bodenwellen? – Welche Form hat der Strahl (gerade, gekrümmt, Abbiegungspunkte)? – Wo ist er unterbrochen, wie groß ist die Unterbrechung? – Zeigen irgendwelche Formen im Strahl Bodenverfärbung, während der Strahl infolge bestimmter Beleuchtungsverhältnisse nicht

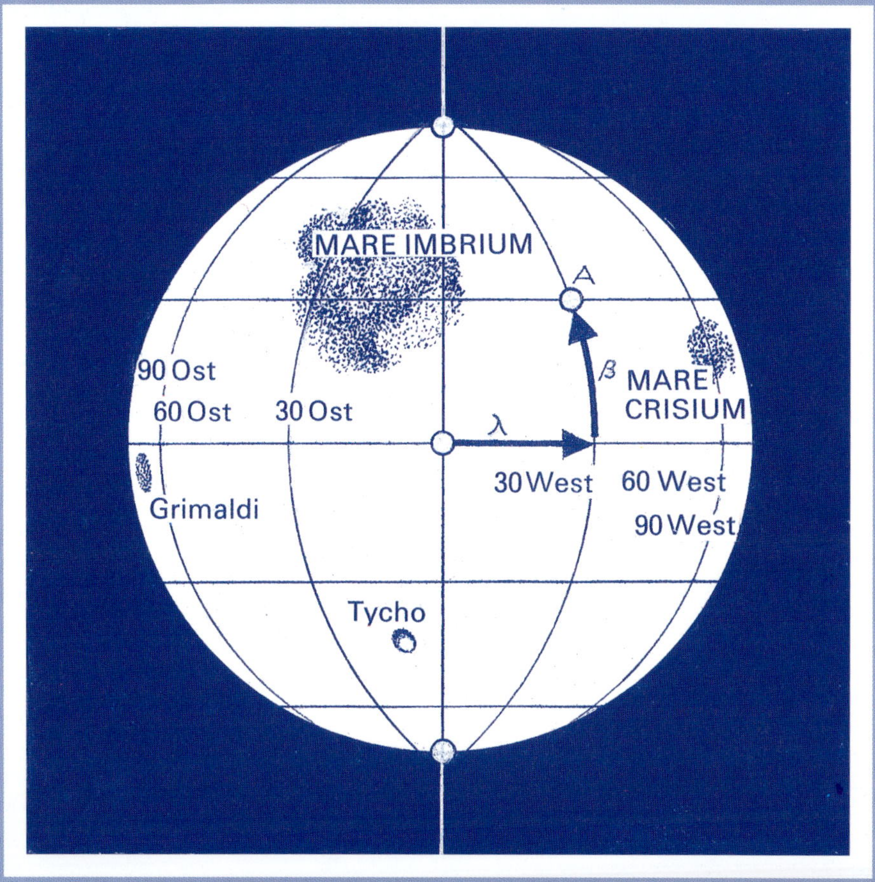

Selenographische Koordinaten: λ,β = selenographische Länge bzw. Breite des Punktes A. In der Raumfahrtpraxis werden Ost und West bei der Angabe von Längen gegenüber obiger Zeichnung miteinander vertauscht.

sichtbar ist? – Wann erscheinen die Strahlen, und wann verschwinden sie?
Für den Mondtopographen gäbe es noch viele weitere Hinweise. Es ist am günstigsten, wenn er sich mit Gleichgesinnten zusammenfindet, wo ihm außerdem Spezialliteratur zur Verfügung steht.

Die Planeten

Die systematische Beobachtung des Mondes, deren Ergebnisse sich nach vorhandenen Mondkarten beurteilen lassen, stellt eine ausgezeichnete Übung für das Studium der Planetenoberflächen dar. Ein solches Training ist die Grundvoraussetzung für eine nützliche Planetenbeobachtung.
Die Planeten befinden sich in beträchtlich größeren Entfernungen als der Mond. Selbst der äußere Nachbarplanet der Erde, der Mars, nähert sich uns im günstigen Fall nur auf etwa 56 Millionen km. An das Wahrnehmungsvermögen des Beobachters werden daher erhebliche Anforderungen gestellt. Zudem handelt es sich gerade bei der Planetenbeobachtung durch Amateure im allgemeinen um Überwachungsaufgaben, die dem Ziel dienen, Veränderungen an den Oberflächen der Planeten festzustellen, und insofern mit keiner vorgegebenen Karte unmittelbar verglichen werden können. Außerdem müssen wir natürlich einsehen, daß die Entwicklung der Raumfahrt dem irdischen Beobachter nicht schlechthin nur Konkurrenz gemacht, sondern ihn in seinen Möglichkeiten so dramatisch übertroffen hat, daß selbst die besten und geübtesten Sterngucker nur noch geringe Chancen haben. Raumflugkörper fotografierten aus nächster Nähe die Oberflächen aller Planeten (mit Ausnahme von Pluto), sendeten faszinierende Farbbilder höchster Auflösung, wie sie vom Boden des irdischen Luftmeeres mit keinem Fernrohr je erreicht werden können. Amateurarbeit kann dieser Konkurrenz nur noch die langjährige Kontinuität entgegensetzen – höchste Qualität vorausgesetzt. Wer sich durch diese Situation nicht entmutigen läßt, dem geben wir nachfolgend einige Hinweise zur Beobachtungspraxis.

Das reich strukturierte Saturnringsystem in Falschfarbendarstellung (Voyager-Aufnahme).

Hinweise zur Planetenbeobachtung

Zunächst nennen wir die scheinbaren Durchmesser der Planeten, die sich aus ihren tatsächlichen Dimensionen und ihrem Abstand ergeben. Der kleinste Wert gilt jeweils für den größten Abstand und der größte für den kleinsten:

Planet	Scheinbarer Durchmesser in "
Merkur	4,8 – 13,3
Venus	10,0 – 64,0
Mars	4,0 – 25,0
Jupiter	31,0 – 48,0
Saturn	15,0 – 21,0
Uranus	3,0 – 4,0
Neptun	2,5
Pluto	0,25

Hieraus lassen sich nun die Vergrößerungen ableiten, die der Sternfreund – entsprechend der Objektivöffnung des verwendeten Instruments – für die Beobachtung von Einzelheiten wählen sollte. Als Richtwerte gelten die Angaben der nachfolgenden Tabelle.

Spezial

Objektivöffnung in mm	Vergrößerung für Beobachtung von Einzelheiten bei Merkur	Venus	Mars	Jupiter	Saturn	Uranus	Neptun
75	150	150	175	150	175	175	-
135	200	225	275	200	250	300	300
250	300	300	325	275	350	350	350
300	350	350	350	300	375	450	500

Für die Darstellung von Einzelheiten der Planetenoberflächen bedient man sich am besten vorgedruckter Schablonen mit außen eingezeichnetem Achsenkreuz. Die Beleuchtung durch die Sonne verändert sich zumal bei den inneren Planeten Merkur und Venus so stark, daß der Phasenwinkel als Maß für den nichtbeleuchteten Teil der Planetenoberfläche angegeben werden muß. Besonders auffällig treten die Phasen bei der Venus in Erscheinung, die sich leichter beobachten läßt als Merkur, da sie größere östliche und westliche Abstände von der Sonne erreicht als dieser. Bei beiden Planeten kommen zwischen „Neu"- und „Voll"phase alle Beleuchtungswinkel vor. Der Phasenwinkel des außerhalb der Erde um die Sonne laufenden Mars kann maximal 46° betragen, was zur Folge hat, daß dann etwa ein Achtel der Planetenscheibe unsichtbar ist. Von den weiter außen umlaufenden Planeten Jupiter, Saturn, Uranus und Neptun (auf Pluto lassen sich mittels Fernrohren des Amateurs keine Einzelheiten erkennen) finden wir praktisch immer die gesamte Scheibe beleuchtet.

Traditionelle Beobachtungsobjekte unter den Planeten sind für den Amateur vor allem Mars, Jupiter und Saturn.

Marsoppositionen der kommenden Jahre mit dem jeweiligen Scheibendurchmesser:

Datum der Opposition	Scheinbarer Durchmesser in "
12.02.1995	13,8
17.03.1997	14,2
24.04.1999	16,2

Der Planet Mars

Mars steht jeweils im Abstand von durchschnittlich 780 Tagen der Sonne, von der Erde aus gesehen, am Himmel gegenüber. Diese Konstellation wird als Opposition bezeichnet. Der Abstand zwischen Erde und Mars nimmt dann einen minimalen Wert an. Allerdings müssen wir bedenken, daß die Marsbahn eine besonders starke Exzentrizität aufweist, das heißt mehr von der Kreisform abweicht als die Bahnen der anderen Planeten. Infolgedessen fallen die Oppositionen sehr unterschiedlich aus, je nachdem, ob Mars sich gerade im sonnenfernsten oder im sonnennächsten Punkt seiner Bahn (Aphel oder Perihel) befindet oder eine Zwischenstellung einnimmt. Bei den Periheloppositionen beträgt der Abstand zur Erde nur rund 56 Millionen km, so daß sein Scheibenbild einen scheinbaren Durchmesser von 25,5" aufweist. Die

Apheloppositionen hingegen bedingen einen Abstand zwischen Erde und Mars von 101 Millionen km, woraus sich ein Scheibenbilddurchmesser von 14" ergibt. Gleich günstige Marsoppositionen wiederholen sich jeweils erst nach Ablauf von 79 Jahren.

Ein dankbares Beobachtungsobjekt

Mars bietet also nur in der Zeit um die Opposition herum ein dankbares Beobachtungsobjekt, wobei noch erhebliche Unterschiede auftreten. Er wird daher auch während der Oppositionsstellung verstärkt beobachtet. Die legendären „Marskanäle", von denen wir heute wissen, daß es sich bei den „klassischen", 1877 entdeckten Gebilden um optische Täuschungen handelt, wurden ebenso während einer Annäherung des Mars an die Erde gefunden wie die beiden Monde des Planeten, Phobos und Deimos.

Faszinierende Objekte der Marsoberfläche sind die Polkappen. Ihre Ausdehnung zeigt jahreszeitliche Veränderungen: Während des Marssommers schrumpfen die Kappen zusammen, in den Wintermonaten hingegen wachsen sie unübersehbar an. Ihre weiße Decke wird von Kohlensäure- und Wassereis gebildet (Co_2 und H_2O im gefrorenen Zustand). Die auch im Sommer zurückbleibenden Kappenreste scheinen aus Wassereis zu bestehen.

Wir zeichnen den Mars

Für Zeichnungen des Mars empfiehlt sich die Benutzung von Schablonen mit Durchmessern zwischen 21 und 50 mm. Zu Beginn der zeichnerischen Wiedergabe sollte der Sternfreund das jeweils markanteste Gebilde eintragen. Dies werden meist die mehr oder weniger ausgedehnten Polkappen des Planeten sein. Im Okular verwenden wir möglichst ein Mikrometersystem, das wir längs der Nord-Süd-Richtung des Himmelskörpers einstellen. Dann zeichnen wir mit einem spitzen weichen Bleistift die Umrisse der dunklen Einzelheiten der Marsoberfläche. Für die spätere Berechnung des Zentralmeridians des Planeten legen wir den Zeitpunkt, zu dem wir diese Details gezeichnet haben, zugrunde. Am Schluß machen wir die auf dem Mars erkennbaren Schattierungen durch Verwischen sichtbar. Stark aufgehellte Gebiete sollten durch Umrißlinien gekennzeichnet werden.

Da es natürlich darauf ankommt, die aerographische Position (eine Ortsangabe auf dem Mars) durch ein Koordinatensystem in aerographischer Länge und Breite anzugeben, müssen wir für markante Gebilde den Moment des Durchgangs durch den Zentralmeridian erfassen. Hierzu eignen sich einige äquatornahe Objekte, die wir mit Hilfe einer Marskarte aufsuchen. Für jede Zeichnung gilt es allerdings, den Zentralmeridian zu berechnen. Da die Achse des Mars geneigt ist, müssen wir außerdem auch das Gradnetz jedesmal konstruieren. Die Auswertung erfordert also einiges Geschick und Geduld. Die Einzelheiten kann der Sternfreund auf einer Volkssternwarte erfahren oder in der Literatur nachlesen.

Die Kuppeln des Observatoriums von Haleakala (Hawaii/USA).

Links: Der Riesenplanet Jupiter mit dem großen roten Fleck und den Monden Io und Europa.
Rechts: Erdaufgang auf dem Mond – eine faszinierende Szenerie, die bisher nur einige amerikanische Astronauten live erleben konnten.

Was die Objekte auf der Oberfläche des Planeten anlangt, so haben die Raumfahrtunternehmen der letzten Jahre unsere Kenntnisse gewaltig anwachsen lassen. Der Detailreichtum von Marskarten, die mit den Hilfsmitteln der Raumfahrt gewonnen wurden, berührt die Arbeit des Amateurs insofern nicht, als er diese Objekte ohnehin nicht beobachten kann. Um einer einheitlichen Bezeichnungsweise zu folgen, sei empfohlen, die im Jahr 1958 von der Internationalen Astronomischen Union bestätigte Marskarte mit 128 Namen und Positionen zugrunde zu legen. Ein gutes Hilfsmittel für den Marsbeobachter ist der „Taschenatlas Mond, Mars, Venus" von Antonin Rükl (siehe Bibliographie). Hier findet der Sternfreund auch Hinweise über das aerographische Koordinatensystem und anderes.

Der Planet Jupiter

Jupiter ist zweifellos der von Amateuren am meisten beobachtete Planet, und dies aus gutem Grund: Er zeichnet sich nicht nur durch einen großen scheinbaren Durchmesser aus, sondern zeigt auch bereits in kleineren Fernrohren eine Fülle von Einzelheiten, die sich wegen der raschen Rotation dieses Himmelskörpers – ein Umlauf um seine Achse dauert nur 9 Stunden 50 Minuten – unablässig verändern. Vom Planeten Jupiter kann ohne Übertreibung gesagt werden, daß Amateure einen bemerkenswerten Beitrag zu seiner Erforschung geleistet haben.

Einer der bekanntesten Jupiterbeobachter unter den Amateuren war der vogtländische Kunstmaler Walther Löbering (1885–1969). In der Nähe von Plauen widmete er sich unter Verwendung von Spiegelteleskopen zwischen 20 und 28 cm Öffnung Jahrzehnte hindurch der Beobachtung des Planeten. Die von der Fachwelt hochgeschätzten Ergebnisse finden wir in verschiedenen Veröffentlichungen. Eine Krönung seines Lebenswerkes bilden die „Jupiterbeobachtungen von 1926 bis 1964" (siehe Bibliographie), die unter anderem auch farbige Jupiterzeichnungen enthalten.

Jupiterzeichnungen werden stets unter Verwendung von Schablonen angefertigt. Hierbei ist die auffallend starke Abplattung des Planeten von 1 : 16,3 unbedingt zu berücksichtigen. Bewährt haben sich Schablonen im Maß 67 mm : 62,5 mm. Die Auswertung nehmen wir mit Hilfe eines durchsichtigen Gradnetzes vor, das wir auf die Zeichnung legen. Der Zentralmeridian muß für jede Zeichnung – wie bei Mars – gesondert berechnet werden. Hinzu kommt aber, daß die Äquatorgebiete des Planeten schneller rotieren als die mittleren Breiten. Daher ist die Berechnung des Zentralmeridians für die Äquatorzone von der für mittlere Breiten zu unterscheiden. Der stündliche Rotationswinkel der Äquatorzone (System I) beträgt 36,6°, der der mittleren Breiten (System II) hingegen 36,3°. Die Zentralmeridiane für 0 Uhr Weltzeit finden wir – ebenso wie für Mars – sowohl in „Ahnerts Kalender für Sternfreunde“ als auch im "Himmelsjahr" (siehe Bibliographie).

Für den Anfänger kommt es zunächst darauf an, die charakteristischen Gebilde der Jupiterscheibe erkennen zu lernen, um sie mit Sicherheit identifizieren und dann auch ihre Position feststellen zu können. Dabei handelt es sich um drei verschiedene Arten von Objekten: die *Bänder*, die *Zonen* (beides Streifen, die parallel zum Äquator verlaufen) und die *Flecke*.

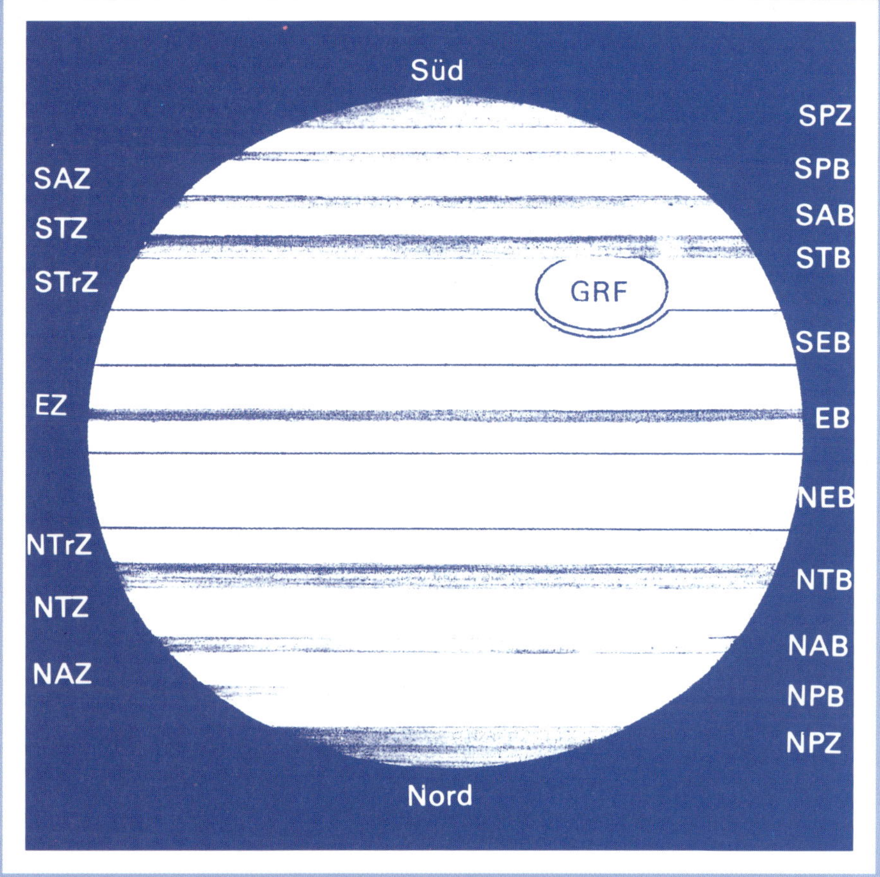

Nomenklatur der Grundformationen der Jupiteroberfläche (Nach Büdeler): N = Nord; S = Süd; B = Band (dunkel); Z = Zone (hell); E = Äquatorial-; Tr = tropisch; T = gemäßigt (temperiert); A = arktisch; P = Polar-; GRF = Großer Roter Fleck.

Der Große Rote Fleck

Eines der markantesten und interessantesten Objekte auf Jupiter ist der Große Rote Fleck, der sich schon auf Zeichnungen des 17. Jahrhunderts findet. Er führt eine von der Rotation des Planeten unabhängige Bewegung aus, deren Geschwindigkeit nicht konstant ist. Dieses Gebilde zählt – im Gegensatz zu vielen anderen Einzelheiten – zu den besonders beständigen Erscheinungen. Seine Position in der Südlichen Tropischen Zone hat der Fleck unverändert beibehalten, ebenso seine Größe und Form (Länge 40 000 km, Breite 12 000 km). Hingegen schwankt seine Intensität, so daß den Helligkeitsangaben bei der Beobachtung große Bedeutung zukommt. Obwohl inzwischen bereits Sonden in die unmittelbare Nähe des Planeten Jupiter geflogen sind, gibt es über die Natur des Großen Roten Flecks noch keine endgültige Gewißheit. Wahrscheinlich handelt es sich um einen riesigen atmosphärischen Wirbel in der Atmosphäre des Jupiter.

Überhaupt erblickt der Jupiterbeobachter keine Gebilde der Planetenoberfläche, sondern Erscheinungen seiner oberen atmosphärischen Schichten. Es sind gewaltige Anzeichen stürmischer Vorgänge, die sich vor unseren Augen abspielen. Die zeitlichen Veränderungen der verschiedenen Phänomene deuten darauf hin, daß hier Windgeschwindigkeiten bis zu 400 km/h auftreten. Das sind Geschwindigkeiten, welche die der stärksten irdischen Orkane bei weitem übertreffen.

Der Jupiterzeichner muß sich beeilen. Wegen der raschen Veränderung in der Atmosphäre des Planeten sollte eine Zeichnung möglichst in 5 Minuten fertiggestellt sein. Die Hauptbänder können vorgefertigt und die aktuellen Strukturen dann jeweils eingezeichnet werden. Dabei halten wir die Strukturen wegen der Rotation von links nach rechts fest. Der Zeitpunkt der Eintragung der Großdetails gilt – minutengenau – als maßgebend für die Berechnung des Zentralmeridians.

Riesenplanet Jupiter, von Voyager aus 54 Millionen km Abstand fotografiert.

Der Planet Saturn

Er bietet dem Beobachter ähnliche Einzelheiten wie Jupiter. Auch die Bezeichnungsweise der Streifen ist mit der bei Jupiter identisch. Flecke treten jedoch nur selten auf.

Saturn ist vor allem wegen seines auffallenden Ringsystems ein beliebtes Beobachtungsobjekt. Freilich läßt sich der Ring nicht immer gleich gut beobachten. Er liegt in der Äquatorebene des Planeten, die gegen die Bahnebene der Erde um 28° geneigt ist. Während eines Umlaufs des Saturns um die Sonne (Saturnjahr) sehen wir einmal von oben, einmal von unten auf die Ringe. Dazwischen fällt der Blick des irdischen Beobachters genau auf ihre Kante. Dann ist lediglich eine feine helle Linie wahrzunehmen, da die Dicke der Ringe nur etwa 15 km beträgt – außerordentlich wenig, verglichen mit deren größtem Durchmesser von 278 000 km.

Bei günstigen Beobachtungsbedingungen reicht schon ein kleines Fernrohr aus, um die Zweiteilung des Ringsystems zu erkennen. Durch diese von Giovanni Domenico Cassini (1625 – 1712) entdeckte und nach ihm benannte Teilung wird der Außenring vom Innenring getrennt. Die Lücke ist auf die Anziehungskraft mehrerer Monde des Planeten zurückzuführen. Die mit den Voyager-Sonden gewonnenen Fotografien belehren uns allerdings darüber, daß die von der Erde aus sichtbaren Lücken keineswegs teilchenleer sind. Vielmehr besteht der Ring aus vielen hundert Einzelringen, in denen kleinste Teilchen ebenso vorkommen wie vergleichsweise große Brocken.

Die Kleinen Planeten

Zu den zahlreichen Objekten unserer näheren kosmischen Umgebung, die ihrer Gesamtmasse nach gegenüber den großen Planeten nur eine untergeordnete Rolle spielen, aber für das Verständnis des Sonnensystems sehr wichtig sind, zählen die Kleinen Planeten, auch Planetoiden genannt.

Die meisten dieser Kleinkörper des Sonnensystems bewegen sich im Raum zwischen Mars und Jupiter auf Ellipsen geringer Exzentrizität um die Sonne. Ohne Fernrohre können wir sie nicht beobachten. Selbst die hellsten unter ihnen sind schwächer als 6^m, so daß wir zumindest einen Feldstecher benötigen, um sie zu sehen.

Schwer zu erfassen

Das Problem bei der Erforschung der Kleinen Planeten besteht darin, daß sie sich wohl mit ausgeklügelten Methoden massenweise entdecken lassen, aber schwer zum „gesicherten Besitz" werden. Denn dazu ist es erforderlich, ihre Bahnen zu bestimmen, das heißt mehrere Beobachtungen entsprechender Zuverlässigkeit zu erlangen. Nach internationaler Vereinbarung erhalten die Planetoiden mit gesicherten Bahndaten zur Kennzeichnung eine Nummer (früher auch einen Taufnamen). Dabei fällt auf, daß es viel weniger numerierte als entdeckte Planetoiden gibt.

Die Beobachtung der Kleinen Planeten erfolgt zweckmäßigerweise, wenn diese in Opposition stehen, weil sie dann die größte Helligkeit aufweisen. Zu den jährlich veröffentlichten Listen Kleiner Planeten, die jeweils in ihre Oppositionsstellung gelangen, tragen nicht wenige dieser Objekte einen „Makel" – das kleine Kreuz, das nach internationaler Absprache hinter jene Zahlen gesetzt wird, welche unsicher oder durch eine nicht genügende Anzahl von Beobachtungen belegt sind. Jedes Jahr handelt es sich um mehr als hundert Planetoiden, die dringend der Beobachtung bedürfen, wobei auch dem Amateur Aufgaben zufallen.

Allerdings besitzen diese Objekte relativ geringe Oppositionshelligkeiten; sie liegen zwischen den Größenklassen 13,5 und 18 und sind somit nur unter Verwendung anspruchsvoller optischer Hilfsmittel zugänglich. Das Vorhaben empfiehlt sich folglich für fortgeschrittene und gut ausgerüstete Sternfreunde oder an Amateursternwarten tätige Gruppen von Beobachtern. Und dies auch aus einem weiteren Grund: Das Instrumentarium, über das wir noch sprechen werden, reicht allein nicht aus zur Lösung der Aufgabe. Wir benötigen außerdem einige spezielle Werke, die ebenfalls nicht überall vorhanden sind: die Ephemeriden für Kleine Planeten, einen fotografischen Sternatlas, der auch die Sterne geringer Helligkeiten enthält, und einen Sternkatalog, aus dem wir die Koordinaten benachbarter Sterne entnehmen können, um damit die Position des jeweiligen Kleinplaneten festzulegen.

Der Jupitermond Io mit Vulkanausbruch (Voyager-Aufnahme).

Falschfarbenbild des Planeten Saturn. Die Darstellung von Helligkeitswerten durch am Computer erzeugte falsche Farben gestattet ein besseres Erkennen von Strukturen.

Fotojagd

Zum Erfassen schwacher Kleinplaneten empfiehlt sich die Himmelsfotografie. Ein fotografisches Spezialinstrument, ein Astrograph, mit einer Brennweite von etwa 50 cm gestattet bei einer Belichtungszeit von 10 Minuten unter Verwendung von speziellem Fotomaterial ohne weiteres die Abbildung von Objekten der 15. Größenklasse. Befindet sich im fotografierten Sternfeld ein Kleiner Planet, so können wir dessen Weiterbewegung vor dem Hintergrund der Fixsterne bereits durch eine zweite Aufnahme feststellen, die etwa eine Stunde später gemacht wird.

Das Problem besteht aber darin, auf diesen belichteten Fotoplatten den gesuchten Kleinplaneten zu finden, zumal die Vorherberechnungen seiner Position nur angenäherte Werte ergeben, weil die relativ massearmen Körper auf ihrer Bahn starken Störungen unterliegen. Kleine Planeten zu suchen, deren Helligkeiten unterhalb der 14. Größenklasse bleiben, auf der Platte im Gewimmel anderer lichtschwacher Sterne ohne weitere Hilfsmittel, das heißt nur mit Lupe und Auge, ist aussichtslos. Hier müssen wir einen Blinkkomparator verwenden. Dieses Gerät gestattet es, zwei zu verschiedenen Zeiten in demselben Abbildungsmaßstab hergestellt fotografische Aufnahmen von derselben Himmelsgegend miteinander zu vergleichen. Dabei erscheinen die beiden Aufnahmen in rascher Folge abwechselnd vor dem Auge des Betrachters. Sind die beiden Platten identisch, so sieht man im Okular das etwas flimmernde Bild eines ruhenden Sternhimmels. Hat aber beispielsweise ein Objekt auf einer Platte gegenüber der anderen seine Positi-

Heute schon Raumfahrtgeschichte: Pioneer-Sonden im Anflug auf den Planeten Venus.

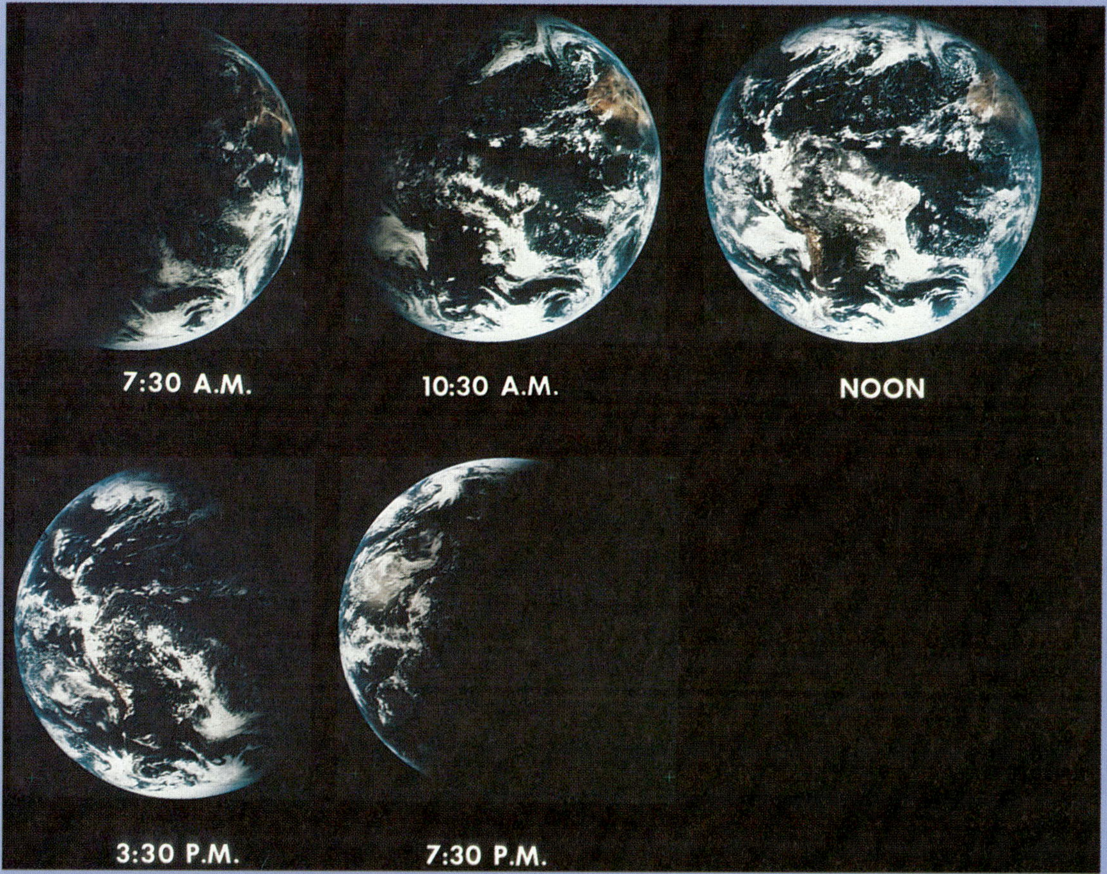

Fünf verschiedene „Erdphasen", aus dem Weltraum gesehen.

on gewechselt, dann „tanzt" dieses Sternchen hin und her. Auf solche Weise läßt sich ein Kleiner Planet mit Hilfe des Blinkkomparators auch im dichtesten Gewimmel winziger Lichtpünktchen schnell und sicher entdecken.

Wer sich nicht selbst einen Blinkkomparator bauen will oder kann, dem helfen vielleicht benachbarte Sternwarten beim Auswerten seiner Platten, indem sie die Ausmessung mit ihren Geräten ermöglichen.

Ist der Planetoid auf der Platte gefunden, dann gilt es noch, seine Position zum Zeitpunkt der Aufnahme festzulegen. Hierzu empfiehlt es sich, eine Ausschnittsvergrößerung der Platte anzufertigen, die möglichst genau dem Maßstab des zur Koordinatenbestimmung benutzten Sternatlasses entspricht, so daß die Position des Himmelskörpers auf das Kartenblatt übertragen und mit entsprechenden Schablonen abgelesen werden kann. Wenn wir den Ort exakt genug (bis auf $0{,}^{s}1$ in Rektaszension und bis auf 1" in Deklination) bestimmt haben, können wir das Resultat getrost an die Herausgeber der Ephemeriden der Kleinen Planeten senden.

Sternfinsternisse

Bis zum heutigen Tag hat das Beobachten von Bedeckungen hellerer Fixsterne durch unseren natürlichen Begleiter, den Erdmond, für den Amateur einen hohen Reiz, und zugleich kann der Wissenschaft damit ein Dienst erwiesen werden. Solche Vorhaben erfordern nur einen relativ geringen Aufwand, so daß Sternbedeckungen einen festen Bestandteil der Beobachtungsprogramme vieler Liebhaberastronomen bilden.

Die Fläche unseres Mondes entspricht etwa einem Zweihunderttausendstel der gesamten Himmelsfläche. Doch schon innerhalb von 24 Stunden überstreicht der Erdtrabant ein Sechstausendstel der Himmelssphäre. Da wir unter günstigen Bedingungen am Nord- und Südhimmel insgesamt rund 6000 Sterne beobachten können, müßte der Mond – eine gleichmäßige

Verteilung dieser Sterne vorausgesetzt – jeden Tag *einen* mit dem bloßen Auge sichtbaren Stern bedecken. Beziehen wir für den Fernrohrbesitzer auch lichtschwächere Sterne ein, so steigt die Anzahl der Ereignisse selbstverständlich an: Unter Einschluß aller Sterne bis 12^{m} haben wir durchschnittlich 400 Sternbedeckungen je Tag zu erwarten. Natürlich sind die Sterne nicht gleichmäßig verteilt, insbesondere die helleren nicht. Zum Beispiel findet man nur insgesamt 15 Sterne heller als 3^{m}, die vom Mond bei seiner Bahnbewegung bedeckt werden können. Drei davon, nämlich α Tau (Aldebaran), α Leo (Regulus) und α Sco (Antares), gehören sogar der 1. Größenklasse an. Die Bedeckung dieser Himmelskörper durch den Mond ist selbst für den Betrachter ohne Fernrohr eindrucksvoll. Da unser Erdnachbar keine Atmosphäre besitzt, führt eine Sternbedeckung zu einem blitzartigen Verschwinden des betreffenden Sterns, der nach dem Ende der Bedeckung ebenso plötzlich wieder auftaucht.

Sternbedeckung einst…

Eine berühmte historische Sternbedeckung durch den Mond ist die des Planeten Mars im Jahr 157 v. Chr., die von Gelehrten beobachtet wurde. Sie zogen aus dem Ereignis den zutreffenden Schluß, daß die Entfernung des Mars größer sein müsse als die des Mondes. Dies war das erste wissenschaftliche Ergebnis der Beobachtung einer Sternbedeckung.

…und heute

Doch auch heute sind Sternbedeckungen von wissenschaftlichem Interesse. Infolge des *plötzlichen* Verschwindens läßt sich nämlich dem Augenblick der Bedeckung eine streng definierte Stellung des Mondes zuordnen, so daß man auf einfache Weise genaue Anhaltspunkte über die Mondbewegung erhält. Da unser natürlicher Begleiter wegen seiner relativ geringen Masse von etwa 1/81 der Erdmasse vielerlei Störungen ausgesetzt ist, stellt seine Bahn ein recht kompliziertes Gebilde dar. Kennt man sie aus praktischen Messungen sehr genau, können himmelsmechanische Berechnungen und Hypothesen überprüft werden.

Die Exaktheit der Ergebnisse ist außerordentlich hoch. Obwohl der Mond im Mittel 384 400 km von uns entfernt umläuft, läßt sich bei Einsatz moderner Technik der Moment der Sternbedeckung auf einige tausendstel Sekunden genau bestimmen, woraus eine Definition des Mondorts bis auf 1 m genau folgt.

Festlegung der Ephemeridenzeit

Kennt man die Mondbahn theoretisch genau, was heute in hohem Maße der Fall ist, kann die Beobachtung von Sternbedeckungen einem anderen wichtigen Zweck dienen: der Festlegung der Ephemeridenzeit. Dabei handelt es sich um eine spezielle Zeitskale, die auf der Bestimmung der Himmelskörperbewegungen mittels des Gravitationsgesetzes beruht. Das einfache Ableiten der Zeit aus der Bewegung der Erde genügt nicht dem Anspruch eines völlig gleichmäßigen Ablaufs, da die Erde nicht mit konstanter Winkelgeschwindigkeit rotiert. Die Unregelmäßigkeiten der „Normaluhr" Erde werden zum Beispiel dadurch beseitigt, daß man diese natürliche Uhr durch Vergleich mit dem Mondlauf korrigiert. Wer sich an Programmen der Beobachtung von Sternbedeckungen beteiligen will, benötigt nur relativ wenige und einfache Hilfsmittel.

Natürlich ist ein Beobachtungsinstrument erforderlich, mit dem das Ereignis wahrgenommen werden kann. Hierzu reicht unter Umständen schon ein Feldstecher aus, wenn wir – bei klarem Himmel – Sterne bis zu etwa $7{,}^{m}5$ berücksichtigen wollen. Für

Linke Seite oben: 1990 wurde das „Hubble Space Telescope" mit seinem Spiegeldurchmesser von 2,4 m in den Weltraum geschickt. Das Gemeinschaftsprojekt der amerikanischen und der europäischen Weltraumbehörden NASA und ESA liefert Bilder von ungewöhnlicher Schärfe.
Unten: Das ESO-VLT-Projekt in Chile betrifft den Bau des größten Teleskops der Erde. Dieses Modell zeigt das Konzept: eine Anordnung von vier Teleskopen mit Hauptspiegeln von je 8 m.

Erst wenn die Dämmerung naht, beginnt die hohe Zeit der Sternforscher: das Observatorium auf dem Haleakala/Hawaii.

schwächere Sterne bedarf es entsprechend leistungsfähigerer Teleskope.

In den Jahrbüchern, in denen die Bedeckungen hellerer Fixsterne im voraus bis auf 0,1 Minuten genau angegeben sind, finden wir außerdem noch den Positionswinkel des Verschwindens oder Wiedererscheinens des Sterns. Er bezieht sich auf die Mondmitte und wird entgegen dem Uhrzeigersinn von Nord über Ost gemessen. Zu beachten ist, daß sich die für einen Ort berechneten Kontaktzeiten für Orte anderer geographischer Breite und Länge beträchtlich ändern können. Unter Kontaktzeit verstehen wir den Moment des Verschwindens oder Wiederauftauchens des Sterns. Die Differenz $t - t_0$ gegenüber der berechneten Kontaktzeit ergibt sich in Minuten aus der Formel $t - t_0 = a(\lambda - \lambda_0) + b(\zeta - \zeta_0)$. Hierin bedeuten a und b zwei Koeffizienten, die wir in den Jahrbüchern finden, λ_0 und ζ_0 die geographischen Koordinaten des Bezugsortes sowie λ und ζ die geographischen Koordinaten des Beobachtungsortes. Die Koordinaten sind in Grad einzusetzen, wobei östliche geographische Längen ein negatives Vorzeichen bekommen. Die Korrektion des im Jahrbuch enthaltenen Wertes ergibt sich dann in Minuten. Die Genauigkeit ist hinreichend. Bei Entfernungen zwischen Beobachtungsort und Bezugsort bis zu 450 km betragen die Abweichungen höchstens ± 2 Minuten. Die geographischen Koordinaten brauchen dabei nur auf zehntel Grade genau angegeben zu werden.

Mit der Stoppuhr

Für die Zeitmessung können wir im einfachsten Fall eine gewöhnliche Stoppuhr benutzen, die Zehntelsekunden zu stoppen gestattet. Um über ihre Eigenheiten genau informiert zu sein, stellen wir den Gang der

Uhr fest. Dabei stoppen wir einen Zeitraum von 10 bis 60 Minuten unter gleichzeitiger Benutzung einer gewöhnlichen Uhr mit Sekundenzeiger. Daraus ergibt sich die Abweichung der Stoppuhr in Sekunden je Minute.

Außerdem muß der Beobachter seine „persönliche Gleichung“ kennen, die Zeit, die zwischen dem plötzlichen Eintritt eines Ereignisses und der Reaktion des Beobachters verstreicht. Sie setzt sich aus der persönlichen Reaktionszeit und einer Verzögerung des Zeitmeßinstruments zusammen und muß daher an derselben Stoppuhr bestimmt werden, die wir für die Messung selbst benutzen. Die „persönliche Gleichung“ ermitteln wir zweckmäßigerweise direkt nach der ausgeführten Bedeckungsbeobachtung, da sie auch von der „Tagesform“ des Beobachters abhängig ist.

Den Zeitpunkt einer Sternbedeckung stellen wir folgendermaßen fest: Etwa 1 1/2 Minuten vor dem angekündigten Zeitpunkt beginnen wir mit der Beobachtung. Wenn der Stern hinter dem Mond verschwindet und wenn er wieder auftaucht, wird die Stoppuhr gedrückt. Dann begeben wir uns zu einer Uhr, deren Zeitangabe in MEZ durch entsprechende Vergleiche und Kontrolle als sicher gelten kann. Wenn der Sekundenzeiger der normalen Uhr eine volle oder halbe Minute anzeigt, drücken wir die Stoppuhr. Die zu diesem Augenblick gehörige Zeit wird als Signalzeit bezeichnet. Wir notieren sie ebenso wie die von der Stoppuhr angezeigte Zeit.

Nun können wir die persönliche Gleichung bestimmen. Der ermittelte Gang der Stoppuhr läßt eine Korrektur zu, die zu der gestoppten Zeit addiert oder subtrahiert wird.

Neben der einfachen Stoppuhrmethode können Sternbedeckungen auch mittels anderer Verfahren beobachtet werden, auf die wir hier jedoch nicht eingehen wollen.

Die Auswertung der gewonnenen Daten ist kompliziert und nicht vom Amateur vorzunehmen. Für das Ephemeridenzeitprogramm werden die Messungen vielmehr an das Hydrografic Department in Tokio (Japan) gemeldet. Hier findet die Auswertung aller internationalen Beobachtungen statt.

Genaue Angaben

Damit aber das Hydrografic Department mit den Amateurbeobachtungen etwas anfangen kann, ist es erforderlich, die geographischen Koordinaten des Beobachtungsortes sehr genau anzugeben. In horizontaler Richtung darf die Abweichung höchstens 33 m betragen. Andernfalls würden die gemessenen Kontaktzeiten um mehr als 1/10 Sekunde verfälscht, und die Beobachtungen wären für die Wissenschaft ohne Wert. Stehen dem Amateur topographische Karten im Maßstab 1 : 25.000 zur Verfügung, so gilt es, die Lage der Beobachtungsstation auf ±1,3 mm genau abzulesen, um den Anforderungen an die Exaktheit genügen zu können. Die Höhe muß bis auf ± 50 m genau bekannt sein. Sie läßt sich aus den Höhenschichtlinien der Karten ohne weiteres entnehmen.

Eine Meldung über eine beobachtete Sternbedeckung, die – am besten über eine Volkssternwarte – an die zentrale interna-

Mariner 10 – die erste Sonde zur Naherforschung des Planeten Merkur – hier bei der Annäherung an den Planeten im September 1974.

Im Jahr 1986 näherte sich der berühmte Komet Halley wieder einmal der Erde:
Der alle 76 Jahre in Sonnennähe gelangende Komet konnte diesmal dank der Raumfahrt erstmals aus der Nähe erkundet werden. Dadurch gelang es, die Struktur des Kometenkernes zu erkennen.
Rechts: Aufnahme des Kometen aus 25 000 km Entfernung, Falschfarbenbild.
Links : Struktur des Kometenkerns (Sonde Vega II, ehem. UdSSR).

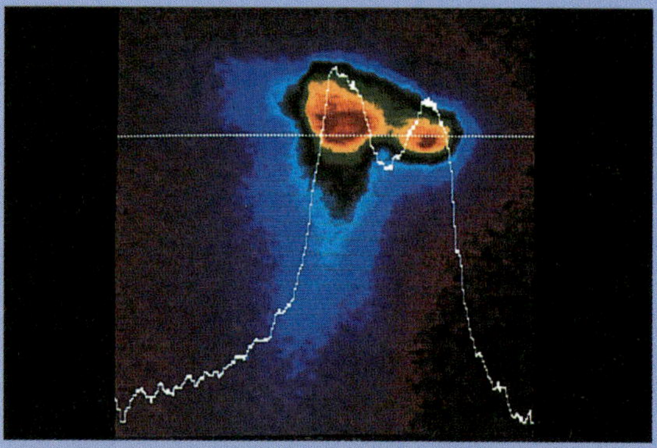

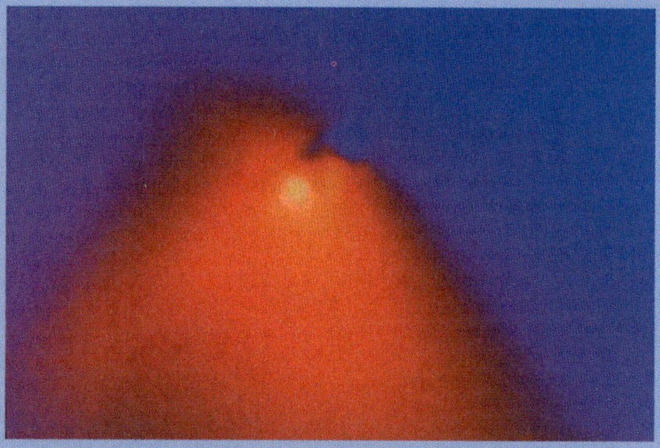

tionale Auswertungsstelle geschickt wird, muß folgende Angaben enthalten:

1. bedeckter Stern
2. Datum und Kontaktzeit in MEZ auf ± 0,1 Sekunden genau
3. geographische Koordinaten des Beobachtungsortes auf ±1" genau sowie Höhe über dem Normalniveau auf ± 50 m genau mit Quellenangabe
4. Daten über das benutzte Beobachtungsinstrument
5. Angaben über das Beobachtungsverfahren
6. Angaben über die besonderen Beobachtungsbedingungen
7. Bemerkungen (zum Beispiel wenn der Stern nicht plötzlich, sondern unter kurzen Intensitätsschwankungen verlischt)
8. Name und Adresse des Beobachters

Insgesamt ist also der Aufwand für das Beobachten von Sternbedeckungen nicht allzu hoch. Jedoch bedarf es großer Gewissenhaftigkeit und Übung, wenn sich die erhaltenen Daten wissenschaftlich verwenden lassen sollen.
Abschließend sei noch darauf hingewiesen, daß Beobachtungen von Sternbedeckungen durch die Berufsastronomen neuerdings wieder große Aktualität erlangt haben. Verfügt man nämlich über eine fotometrische Meßeinrichtung, die den Lichtabfall des Himmelskörpers während der Bedeckung mit hoher zeitlicher Auflösung erfassen kann, so zeigt sich, daß der Stern doch nicht ganz plötzlich verschwindet. Dazu muß der Helligkeitsverlauf des Ereignisses allerdings auf tausendstel Sekunden genau festgehalten werden. Diese Erscheinung kommt durch die Lichtbrechung zustande. Der Verlauf solcher hochauflösenden Lichtkurve einer Sternbedeckung durch den Mond läßt Rückschlüsse auf den scheinbaren Durchmesser der Lichtquelle zu. Kennt man außerdem die Entfernung des betreffenden Sterns, so kann aus dieser Angabe der wahre Durchmesser bestimmt werden.
Der kleinste bisher aus Beobachtungen bei Sternbedeckungen ermittelte Sterndurchmesser liegt bei 0,0025". Dies entspricht dem Winkeldurchmesser eines Pfennigstücks, das wir aus etwa 1 300 km Entfernung betrachten. Der größte gemessene Winkeldurchmesser wurde bei R Leonis mit 0,076" gefunden. Der Durchmesser des Sterns ergab sich unter Berücksichtigung seiner Entfernung von 155 Lj zu etwa 400 Sonnendurchmessern. Das Beispiel zeigt, welche Informationen uns mit dem Licht der Sterne erreichen, wenn wir nur diese Sprache zu übersetzen verstehen.
Einen schönen Erfolg bei Sternbedeckungs-Beobachtungen erzielte unlängst Konrad Guhl von der Archenhold-Sternwarte in Berlin-Treptow. Er beobachtete am 3. März 1986 den Stern Sigma Scorpii, für den eine Bedeckung durch den Mond angekündigt war. Da der Stern in der vom US Naval Observatory herausgegebenen Liste für Sternbedeckungen als Doppelstern gekennzeichnet war, wurde die Beob-

Komet Halley, historische Aufnahme vom 12.Mai 1910, mit modernen Mitteln in Farben umgesetzt.

achtung mit zwei Stoppuhren ausgeführt. Tatsächlich beobachtete Konrad Guhl beim Austritt deutlich einen etwa 5 bis 6 Größenklassen hellen Stern, dem ganz kurz darauf ein viel helleres Objekt folgte. Die Zeitdifferenz zwischen den beiden Austritten betrug nur wenig mehr als vier Zehntel Sekunden. Alles deutete also auf eine Doppelsternnatur von Sigma Scorpii hin. Bei der Nachforschung in der Literatur über diesen Stern zeigte sich nun, daß schon am 12. März 1860 eine Bedeckung dieses Sterns durch den Mond als „nicht schlagartig" bezeichnet worden war. Auch spätere Beobachter bestätigten eine mögliche Doppelsternnatur des Objekts. 1976 wurde dann durch Einsatz moderner Spezialtechnik tatsächlich ein Begleiter des Sterns Sigma Scorpii entdeckt. Alle Daten, die darüber veröffentlicht wurden, lassen den Schluß zu, daß Konrad Guhl tatsächlich diesen Begleiter „beobachtet" hat, obwohl er visuell eigentlich nicht zu beobachten ist. Für Sternbedeckungsfans handelt es sich hier um eine wirkliche Delikatesse!

Sternschnuppen: Meteore und Meteoriten

Alljährlich im August geht durch viele Zeitungen die Meldung, daß die Perseiden kommen. Die Leser werden aufgefordert, ihren Blick in den klaren Sommernächten zum Himmel zu richten und nach Sternschnuppen Ausschau zu halten. Die Perseiden erfreuen sich deshalb so großer öffentlicher Aufmerksamkeit, weil es sich bei ihnen um einen besonders ergiebigen Sternschnuppenstrom handelt, der auch dem Himmelsunkundigen ein sehenswertes Schauspiel bietet. Fünfzig, sechzig Sternschnuppen je Stunde sind keineswegs eine Seltenheit.
Warum erscheinen die Perseiden jedes Jahr zur gleichen Zeit wieder?

Der „Tageslicht-Komet“ wurde am 17. Januar 1910 in Johannesburg entdeckt. Er erschien kurz vor dem Kometen Halley und war so lichtstark, daß man ihn bei Tag sehen konnte.

Im Sonnensystem existieren zahlreiche Kleinkörper mit Massen zwischen etwa 1 Tausendstel Gramm und einigen Gramm, die beim Eintritt in die Erdatmosphäre mehr oder weniger intensive Leuchterscheinungen, die Meteore, hervorrufen. Diese Kleinkörper werden als Meteorite bezeichnet. Je nach ihrer Masse fallen die Leuchterscheinungen sehr unterschiedlich aus. Die massereichen Meteoriten bewirken sog. Feuerkugeln. Häufig gelangen die Meteorite dann auch bis auf die Erdoberfläche. Die Mikrometeorite mit Massen zwischen etwa 2 Milligramm und 2 Gramm erzeugen die bekannten Sternschnuppen mit Helligkeiten bis zu 6^m. Die kleineren Teilchen verursachen in der Atmosphäre die nur noch mit Teleskopen zu beobachtenden Leuchterscheinungen oder sinken hernieder, ohne sich optisch bemerkbar zu machen. Ein Schwarm von Meteoriten, dessen Mitglieder sich auf parallelen Bahnen gleichsam in riesigen „Schläuchen“ um die Sonne bewegen, ruft bei der Begegnung mit der Erde die Meteorströme hervor.

Die Perseiden beispielsweise entstehen dadurch, daß die Erde jedes Jahr in der Zeit vom 29. Juli bis zum 17. August den gleichnamigen Meteorstrom durchläuft und dabei entsprechend häufige Zusammenstöße mit seinen Teilchen erleidet. Infolge einer perspektivischen Wirkung scheinen die Sternschnuppen dieses Stromes alle von einem Punkt im Sternbild Perseus auszugehen, und deshalb erhielt der Strom seinen Namen.

Die Wissenschaft interessiert sich neben anderen Fragen auch für die Herkunft und Entwicklung der Meteorströme. Von vielen dieser Ströme wissen wir, daß sie als Auflösungsprodukte von Kometen anzusehen sind. Die ehemaligen Kometenelemente verteilen sich im Laufe der Zeit längs der Bahn und bilden den Meteorstrom. Die Herkunft anderer Ströme ist zweifelhaft. Entscheidungen über die interessierenden Fragen können nur Beobachtungen bringen. Auf diesem Gebiet vermögen Amateure durchaus ernsthafte Beiträge zu leisten. Die Bedeutung der Amateurarbeit bei der Meteorbeobachtung ist allerdings in der jüngeren Vergangenheit dadurch eingeschränkt worden, daß die radioastronomischen Radarecho-Methoden, die sich auch während der Tagesstunden und bei bewölktem Himmel anwenden lassen, ein sehr wirkungsvolles Hilfsmittel der Meteorforschung darstellen.

Meteorströme

Für den Amateur wird im allgemeinen die visuelle Beobachtungsmethode zu empfehlen sein. Daß man auf diese Weise wertvolle Ergebnisse erzielen kann, hat der bekannte Begründer und langjährige Direktor der Sternwarte Sonneberg am Rande des Thüringer Waldes, Professor Cuno Hoffmeister, bewiesen. Er führte Jahrzehnte hindurch Sternschnuppenbeobachtungen unter allen möglichen Bedingungen und Umständen durch, sogar während längerer Bahnfahrten aus dem fahrenden Zug. Cuno Hoffmeister, der zu den anerkannten Spezialisten dieses Forschungsgebiets zählte, veröffentlichte 1948, zum Teil auf Grund eigener Beobachtungen, sein sehr bekannt gewordenes monographisches Werk „Meteorströme“(siehe auch *Special* auf Seite 111).

Der Amateur kann zur Erforschung der planetaren Kleinkörper, die als Meteore und Mikrometeore in Erscheinung treten, nützliches Material beisteuern, wenn er gewissenhaft auf folgende Einzelheiten achtet:

1. Scheinbare Bahn der Meteore
   Anfangs- und Endpunkt der scheinbaren Bahn, möglichst genau bezogen auf benachbarte Fixsterne, sollten erfaßt werden. Hat man den Anfangspunkt der Bahn nicht gesehen, so ist es notwendig, den Punkt anzugeben, an dem die Sichtbarkeit des Meteors begann. Man muß dann allerdings vermerken, daß dieser mit dem Anfangspunkt der Bahn nicht übereinstimmt.
2. Zeit und Ort der Beobachtung
   Die für die Zeitangaben benutzte Uhr muß im Interesse der Genauigkeit möglichst kurz vor oder nach der Beobachtung mit den Zeitzeichen des Rundfunks verglichen werden. Bei Einzelbeobachtungen genügt eine Zeitangabe auf die volle Minute genau. Handelt es sich jedoch um Simultanbeobachtungen, bei denen zwei Beobachter etwa 80 bis 100 km voneinander entfernt tätig sind, dann kommt es auf Sekundengenauigkeit an, um die Identität der Erscheinungen zu sichern. Solche Simultanunternehmen dienen dem Ziel, aus der von den beiden Beobachtungsorten aus unterschiedlich verlaufenden scheinbaren Bahn derselben Meteore ihre Höhe und damit die tatsächliche Bahn im Raum zu bestimmen. Auch an die Exaktheit der Ortsangaben müssen hohe Anforderungen gestellt werden. Geographische Länge und Breite sollten auf Bogenminuten genau bekannt sein oder sich bis auf 1 km genau auf einen geographisch präzise vermessenen Ort beziehen lassen.
3. Dauer der Erscheinung
   Hier wird man nur schätzen können, weshalb das Üben von Zeitschätzungen außerordentlich wichtig ist. Die Dauer sollte in Sekunden, möglichst unter

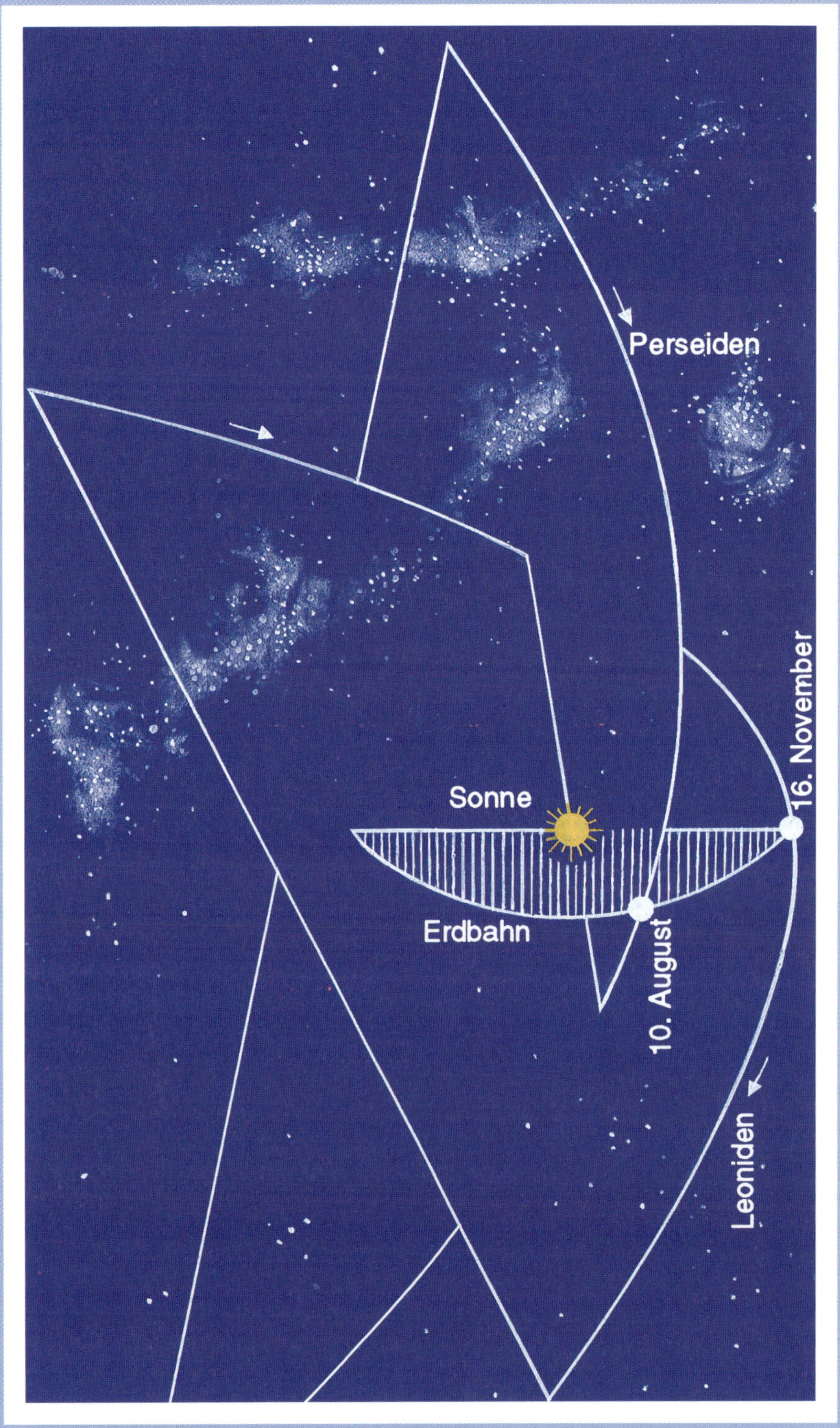

Bahnebene des Perseiden- und des Leonidenstromes sowie Bahnebene der Erde.

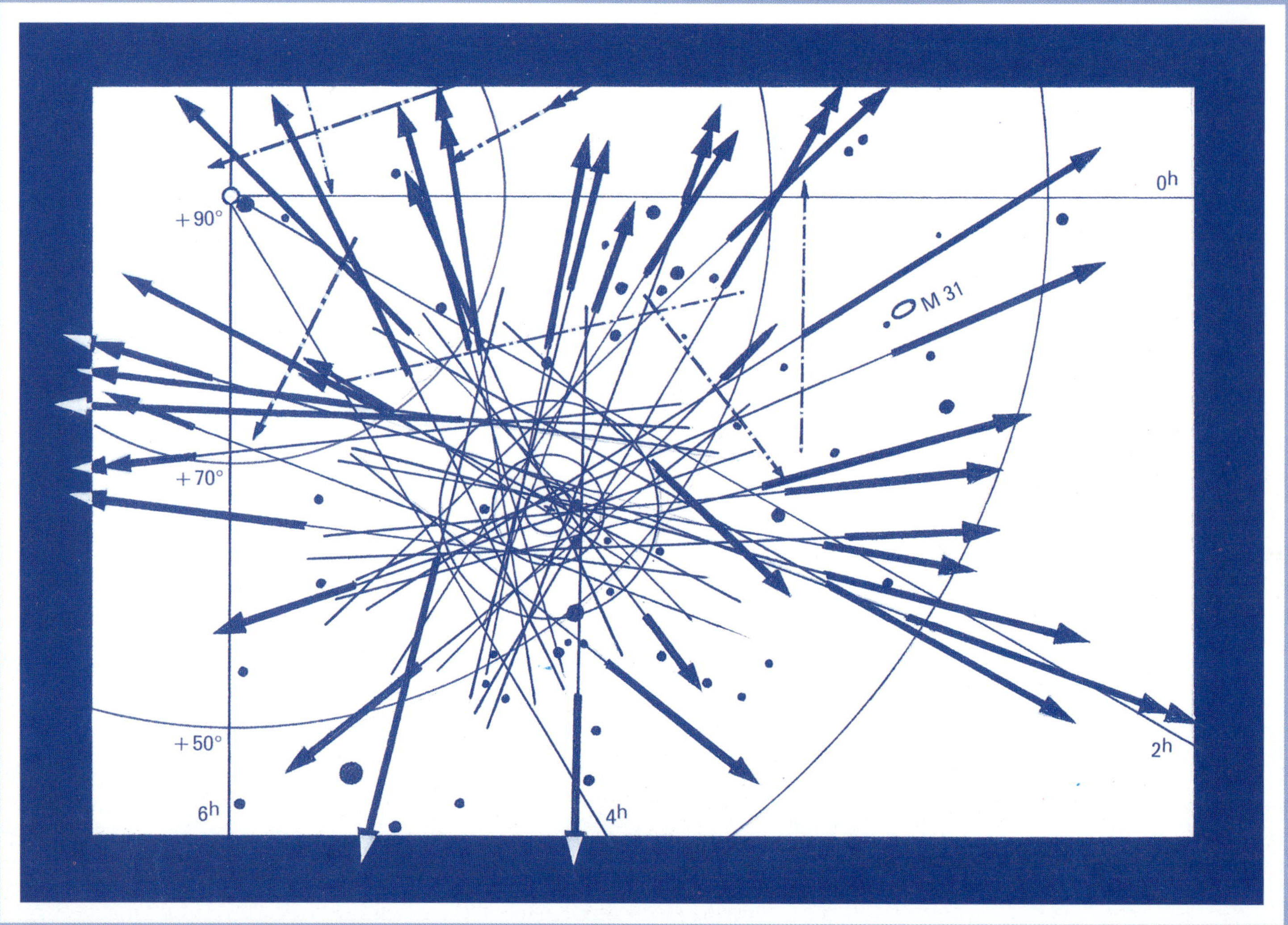

Perseidenbeobachtungen: Die stark gezeichneten Pfeile geben die tatsächlich beobachtete Leuchtspur wieder, deren rückwärtige Verlängerungen zum Radianten führen. Die unterbrochen gezeichneten Pfeile kennzeichnen sporadische Meteore, die nicht zum Perseidenstrom gehören.

Hinzufügung von Zehntelsekunden, vermerkt werden.

4. Angabe der Maximalhelligkeit von Meteoren in Größenklassen: Farbwahrnehmungen, falls vorhanden; Dauer des Nachleuchtens längs der Flugbahn.
5. Akustische Erscheinungen, wie donnerähnliche Geräusche bei großen Meteoren; Zeitschätzung zwischen Lichterscheinung und Geräusch.
6. Angaben über Wetter, namentlich Bewölkungszustand.

Ein später sehr bekannter Astronom wurde einmal in einer Prüfung gefragt: „Was machen Sie, wenn Sie eine Sternschnuppe sehen?". Er antwortete scherzhaft: „Ich wünsche mir etwas". Das bringt allerdings für die Forschung keine Erkenntnisse.

Wer jedoch ein so umfassendes Beobachtungsprogramm wie unter 1. bis 6. skizziert, zunächst scheut, kann auch bereits durch bloße Sternschnuppenzählung einen brauchbaren Beitrag zur Meteorforschung leisten. Wegen der Bewegung der Erde um die Sonne werden wir die meisten Meteore sehen, wenn die Erde den Meteoriten, die sie hervorrufen, entgegenfliegt. Dies geschieht stets in den Morgenstunden, so daß die Ergiebigkeit der Beobachtungen dann am größten ist. Auch zeigen sich am Herbsthimmel mehr Meteore als etwa im Frühjahr, weil der Zielpunkt der Erdbewegung im Herbst sehr hoch über dem Horizont der Nordhalbkugel steht.

Meteorbeobachtungen sind nicht nur zur Zeit des Auftretens von Meteorströmen interessant. Vielmehr kann man ständig solche Leuchterscheinungen wahrnehmen,

Special

Bekannte Meteorströme

Name	Zeit	Radiant	Ergiebigkeit (Meteore je Stunde)}
Quadrantiden	1./04.1.	230° + 50°	30
Lyriden	2./23.4.	273°+31°	5
η Aquariden	2./06.5.	340° 0°	5
δ Aquariden	14.7./19.8.	344°–15°	10
Perseiden	29.7./17.8.	40°+55°	40
Orioniden	18./26.10.	94°+14°	13
Leoniden	14./20.11.	151°+22°	6
Geminiden	7./15.12.	113°+32°	55
Ursiden	17./24.12.	217°+76°	15

Radiant = scheinbarer Ausgangspunkt der Bahnen eines Meteorstromes an der Himmelssphäre.

die dann als sporadische bezeichnet werden. Grundsätzlich gilt, daß die Beobachtungen um so größeren wissenschaftlichen Wert besitzen, je genauer sie durchgeführt werden. Deshalb sollte der Sternfreund bei aller Begeisterung für ein umfassendes Programm nur solche Angaben weiterleiten, von denen er guten Gewissens sagen kann, daß sie verläßlich sind.

Blinkfeuer: Die Veränderlichen

Die Veränderlichen, Sterne mit nichtkonstanter Helligkeit, stehen heute im Mittelpunkt zahlreicher Forschungen der internationalen Astronomie. Ihre Bedeutung für das Verständnis von Entwicklungsprozessen der Sterne ist groß.

Dabei hat alles so bescheiden angefangen: Gegen Ende des 18. Jahrhunderts waren insgesamt nur 12 Sterne mit veränderlicher Helligkeit bekannt. Damals wurde ihnen kaum Aufmerksamkeit zugewendet. Im Jahr 1844 jedoch veröffentlichte der deutsche Astronom Friedrich Wilhelm Argelander (1799 – 1875) eine „Aufforderung an Freunde der Astronomie", in der er alle Astronomen einschließlich der interessierten Laien zu intensiver Beobachtung der veränderlichen Sterne aufrief.

Wenn Argelander damals als besonderen Ansporn den Genuß hervorhob, den die Gewißheit verschaffe, zur Erkenntnis der Natur des Universums beizutragen, dann gilt dies gerade in bezug auf die Veränderlichen in unseren Tagen genauso. Denn die von Argelander begründete Wissenschaft von den veränderlichen Sternen befindet sich heute in voller Blüte und gestattet nach wie vor auch dem Amateur, der Wissenschaft nützliches Material zuzutragen und so am Ausbau unserer Kenntnisse mitzuwirken.

30 000 sind heute bekannt

Gegenwärtig beträgt die Zahl der sicher als veränderlich bekannten Sterne über 30 000. Die Art und Weise ihres Lichtwechsels, die Periode der Helligkeitsschwankungen, die Größe dieser Schwankungen und die Ursachen des Lichtwechsels sind äußerst vielfältig und haben schon früh zu einer heute recht detaillierten Klassifizierung in verschiedene Typen veränderlicher Sterne geführt.

Aufgabe auch für Amateure

Den Amateuren fallen bei der Erforschung der Veränderlichen, wie kaum bei einem anderen Gebiet der Astronomie, zahlreiche Aufgaben zu. Am wichtigsten ist jedoch die Untersuchung langperiodisch Veränderlicher, das heißt solcher Sterne, deren Helligkeit sich nur sehr langsam verändert. Bei kurzperiodisch Veränderlichen steht die genaue Ermittlung des Unterschieds zwischen der maximalen und der minimalen Helligkeit im Vordergrund des Interesses. Die hier mit Hilfe spezieller Geräte erreichbare Präzision von einigen tausendstel Größenklassen ist dem Amateur, der am Fernrohr mit dem natürlichen „Fotometer" Auge arbeitet, nicht möglich.

Über die Mitarbeit der Amateure bei der Erforschung der veränderlichen Sterne schreibt Cuno Hoffmeister in seinem Buch „Veränderliche Sterne" (siehe Bibliographie): „Als Betätigungsfeld für Sternfreunde ist das Gebiet der veränderlichen Sterne wie kaum ein anderes geeignet. Das hat mehrere Gründe: Erstens ist der instrumentelle Aufwand gering; vom Feldstecher bis zum lichtstarken Spiegelteleskop erlaubt jedes Instrument die Aufstellung eines Programms. Zweitens ist die Methode der Beobachtung leicht erlernbar, wenn dies auch einige Sorgfalt und Ausdauer erfordert. Drittens kann man bei sachgemäßer Ausführung der Beobachtungen des Erfolgs sicher sein und hat ein äußerst umfangreiches Tätigkeitsgebiet vor sich."

Das entscheidende bei der Beobachtung veränderlicher Sterne ist natürlich die Schätzmethode für die jeweiligen Helligkeiten. Hierbei verwendet man noch heute das von Argelander 1844 angegebene Stufenverfahren, mit dessen Hilfe sich Sternhelligkeiten bis auf etwa 1/10-Größenklasse genau bestimmen lassen. Der Stern, dessen Helligkeit es zu ermitteln gilt, wird mit zwei benachbarten Sternen bekannter Helligkeit verglichen, von denen einer heller ist als der interessierende Stern und der andere schwächer. Ist der Veränderliche v um einen gerade bemerkbaren Grad dunkler als der Vergleichsstern a, so besteht zwischen beiden ein Helligkeitsunterschied von einer fotometrischen Stufe. Nach Argelander notiert man diesen Befund, indem man a1v schreibt.

Allgemein gelten die folgenden Definitionen für die verschiedenen Stufen:

Stufe 0: Erscheint der Veränderliche (v) ebenso hell wie ein Vergleichsstern (zum Beispiel a) oder abwechselnd bald heller, bald schwächer als dieser, dann bezeichnen wir den Stufenunterschied der Helligkeiten der beiden Sterne als 0 und schreiben a0v oder v0a.

Stufe 1: Erscheint der Vergleichsstern nach wiederholter sorgfältiger Beobachtung gerade etwas heller als der Veränderliche, dann bezeichnen wir den Stufenunterschied zwischen beiden als 1 und schreiben a1v. Erscheint der Veränderliche hingegen um denselben Betrag heller als der Vergleichsstern, so schreiben wir v1a, das heißt, der hellere Stern steht in der Notierung an erster Stelle.

Stufe 2: Erscheint der Stern a gut erkennbar heller als v, dann bezeichnen wir den Stufenunterschied zwischen beiden als 2 und schreiben a2v.

Stufe 3: Erscheint der Stern a auf Anhieb heller als v, so bezeichnen wir den Stufenunterschied zwischen beiden als 3 und schreiben a3v.

Stufe 4: Erscheint der Helligkeitsunterschied zwischen a und v als groß, dann bezeichnen wir den Stufenunterschied als 4 und schreiben a4v.

Noch stärkere Helligkeitsunterschiede würden wir als 5 bezeichnen, jedoch werden die Einstufungen mit wachsendem Unterschied immer unsicherer, so daß wir zweckmäßig nur bis zu 4 Stufen schätzen und bei größerem Unterschied einen anderen Vergleichsstern wählen.

Jeder Veränderliche wird aber bei der Beobachtung zwischen zwei Vergleichssternen eingeschätzt. In der Notiz schachteln wir ihn gleichsam zwischen den beiden Vergleichssternen ein. So bedeutet alv3b, daß der Veränderliche um eine fotometrische Stufe schwächer als der Vergleichsstern a und um 3 Stufen heller als der Vergleichsstern b ist.

Nun müssen wir natürlich die Bedeutung der geschätzten Stufen kennenlernen. Zu diesem Zweck ist die Stufenskale festzulegen. Dabei verfahren wir nun folgendermaßen:

1. Wir bestimmen den mittleren Stufenabstand zwischen den benutzten Vergleichssternen, zum Beispiel

		a = 0,0 Stufen
a–b	4,2 Stufen	b = 4,2 Stufen
b–c	3,5 Stufen	c = 7,7 Stufen
c–d	4,6 Stufen	d=12,3 Stufen

2. Wir ordnen die jeweils geschätzten Helligkeiten des beobachteten veränderlichen Sterns, der zu verschiedenen Zeiten mit verschiedenen Sternen verglichen wurde, in diese Stufenskale ein. Das geschieht auf folgende Weise: Haben wir für v die Schätzung a2v2b erhalten, so bedeutet dies, daß v 2 Stufen schwächer als a und gleichzeitig 2 Stufen heller als b ist. Entsprechend der Stufenskale ist a = 0,0 Stufen, so daß sich für v = 0,0 + 2 = 2,0 Stufen ergibt. Der Vergleich zwischen v und b liefert für v = 4,2 – 2,0 = 2,2. Als Mittelwert ergibt sich für v = 2,1.

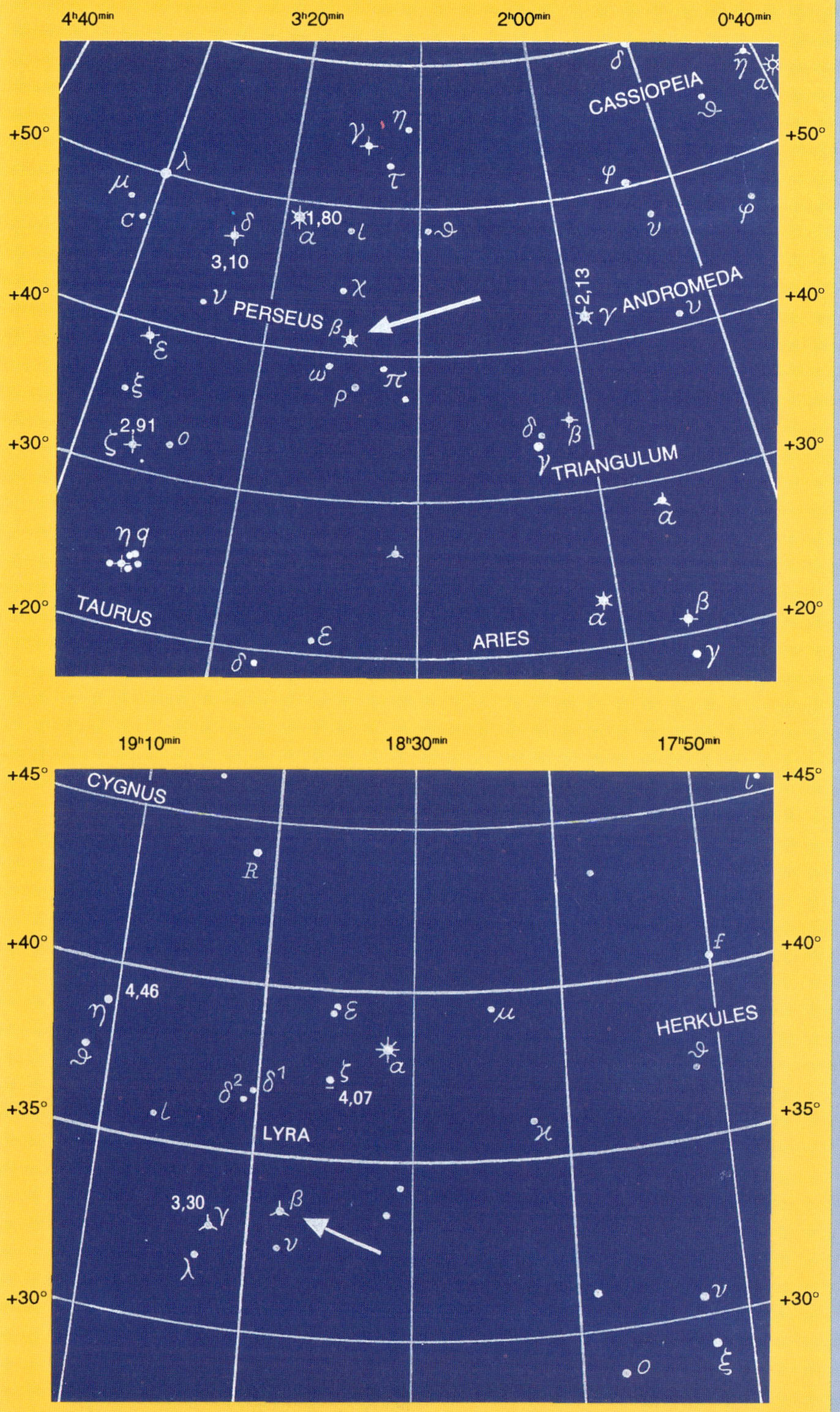

Umgebungskarte des Veränderlichen β Persei (oben) und des Veränderlichen β Lyrae (unten).

Für zahlreiche Aufgaben, zum Beispiel für die Feststellung der Zeit des Minimums oder Maximums des Veränderlichen, reicht diese Einordnung der Helligkeit des Sterns in die Stufenskale bereits aus. Wollen wir außerdem noch die Differenz zwischen

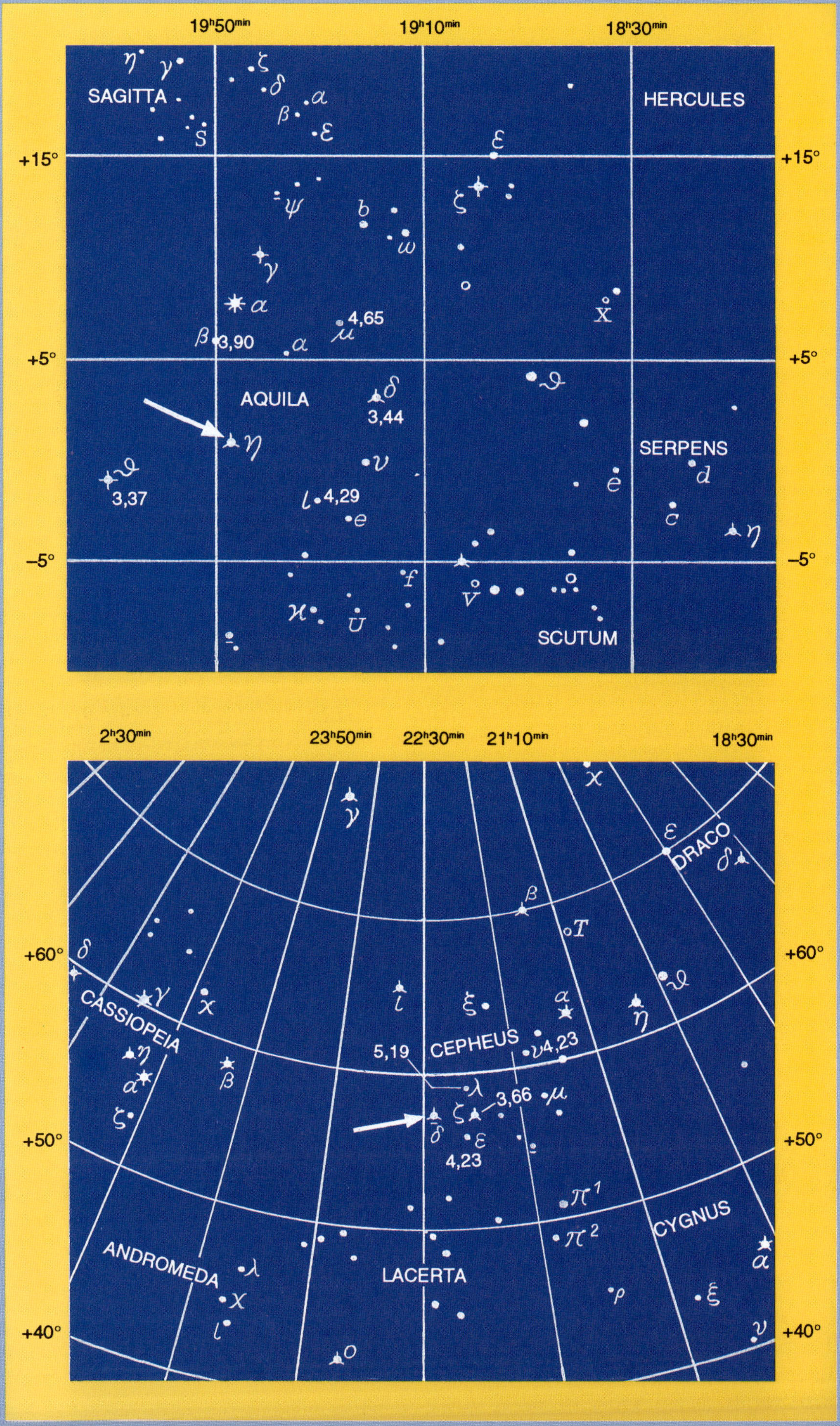

Umgebungskarte des Veränderlichen η Aquilae (oben) und des Veränderlichen δ Cephei (unten).

In Einblattdrucken wurde den Menschen in früheren Jahrhunderten von den Kometen als kosmischen „Unglücksboten" berichtet. Heute hat die Wissenschaft für Kometenfurcht keinen Platz mehr. Darstellung aus dem 16. Jh.

größter und kleinster Helligkeit, die Amplitude des Lichtwechsels, bestimmen, ist es allerdings erforderlich, die Stufenwerte in Größenklassenbruchteile umzurechnen.

Bei stärkeren Veränderungen der Helligkeit des Variablen wird es sich gegebenenfalls notwendig machen, die Vergleichssterne zu wechseln. Die Unterschiede der Helligkeiten sollten nicht mehr als eine halbe Größenklasse betragen. Nicht immer wird sich diese Forderung verwirklichen lassen, da man andererseits auch darauf achten muß, daß die zum Vergleich herangezogenen Sterne nicht allzuweit von dem jeweiligen Veränderlichen entfernt stehen.

Die fotometrische Stufe ist – wie bereits angedeutet – kein absolut objektives Helligkeitsmaß; sie weist von Beobachter zu Beobachter Abweichungen auf und wird auch zu unterschiedlichen Zeiten verschieden empfunden. Für die Anwendung der Methode stellt dies jedoch keinen Nachteil dar. Wichtig ist aber die Übung des Beobachters. Im allgemeinen bedarf es eines Jahres fleißiger Beobachtung, bis der vom einzelnen Beobachter geschätzte Stufenwert einen einigermaßen konstanten Bruchteil der Größenklasse annimmt. Dieser wird dann etwa 0,06 bis 0,07 Größenklassen betragen. Da die Helligkeit des Veränderlichen nahe bei den Helligkeiten zweier Vergleichssterne liegt, gelingt es jedenfalls, den gesuchten Wert bis auf etwa 1/10 Größenklasse genau festzustellen.

Für das unbedingt erforderliche Übungsprogramm werden in der Tabelle der rechten Spalte einige veränderliche Sterne empfohlen, die wir ohne Fernrohr beobachten und außerdem wegen ihrer Helligkeit am Himmel größtenteils sogar ohne Benutzung einer Sternkarte finden können.

Ganz so einfach wie bei den oben genannten veränderlichen Sternen hat es der ernsthafte Beobachter solcher Objekte in der Praxis natürlich nicht. Die zu beobachtenden Veränderlichen sind weitaus lichtschwächer und lassen sich deshalb nicht ohne Hilfsmittel finden. Die wichtigste Findhilfe bildet eine Umgebungskarte, die wir uns für das jeweilige Objekt anfertigen müssen. Für eine Fernrohrbeobachtung gilt es, die Umgebungskarte so zu beschriften, daß man die Schrift lesen kann, während die Sterne gleichzeitig mit dem Anblick des Himmel im umkehrenden Fernrohr übereinstimmen.

Objekt	Größte Helligkeit	Kleinste	Periode
γ Cas	1,6	2,9	unregelmäßig
ο Cet	3,4	9,2	331 Tage
β Per	2,4	3,5	2,867 Tage
ζ Aur	4,9	5,6	972 Tage
ε Aur	3,3	4,1	9 900 Tage
α Ori	0,5	1,1	2 070 Tage
β Lyr	3,4	4,1	12,908 Tage
η Aql	3,8	4,5	7,176 Tage
μ Cep	3,7	4,7	unregelmäßig
δ Cep	3,6	4,2	5,366 Tage

Vergleichssterne

Wünschenswert ist es, in unmittelbarer Nähe des Veränderlichen Vergleichssterne bekannter Helligkeit zur Verfügung zu haben, die mit ihm im Gesichtsfeld des Instruments erscheinen. Andernfalls muß das rasche Auffinden der Vergleichssterne mit dem Fernrohr an Hand des Umgebungskärtchens geübt werden, da sonst kein zuverlässiger Helligkeitsvergleich möglich sein wird.

Der umfassendste Katalog, der alle bis heute als sicher veränderlich erkannten Sterne mit den dazugehörigen Daten enthält, ist der von der Akademie der Wissenschaften der ehemaligen UdSSR herausgegebene „Allgemeine Katalog veränderlicher Sterne" von Boris Kukarkin und Mitarbeitern. Der Katalog leistet dem Amateur beim Zusammenstellen seines Beobachtungsprogramms ebenso gute Dienste wie beim Nachschlagen zahlreicher erforderlicher Einzelheiten. Allerdings ist das Werk nur in den wissenschaftlichen Bibliotheken oder den Bibliotheken der Sternwarten vorhanden.

Die Kennzeichnung

Die Art und Weise der Bezeichnung veränderlicher Sterne mutet auf den ersten Blick kompliziert an. Nach Argelander wurden zu ihrer Kennzeichnung die anderweitig noch nicht vergebenen großen Buchstaben des lateinischen Alphabets von R bis Z benutzt. Da man jedoch bald mehr als 9 Veränderliche in den einzelnen Sternbildern entdeckte, mußte dieses System der Benennung entsprechend erweitert werden. So kam es zur Einführung von Doppelbuchstaben vor dem lateinischen Genitiv des Sternbildnamens, wie RR, RS usw. bis ZZ. Später wurden noch die Kombinationen von AA bis AZ, von BB bis BZ usw. hinzugenommen. Insgesamt kann man auf diese Weise 334 veränderliche Sterne in jedem Sternbild kennzeichnen. Existieren darüber hinaus weitere Variable, so werden diese mit V und einer nachfolgenden Ziffer ab 335 „beschildert".

Einige wesentliche Ziele

Da wir hier nicht auf alle Einzelheiten eingehen können, die für den künftigen Veränderlichen-Beobachter Bedeutung haben, seien abschließend noch einige wesentliche Ziele der Betätigung auf diesem Gebiet genannt, wie sie unter anderen auch Cuno Hoffmeister für den Amateur umrissen hat: Hervorzuheben ist das Forschungsfeld der Periodenänderungen. Sie treten sowohl bei den physischen veränderlichen Sternen auf, deren Lichtwechsel beispielsweise durch einen Wandel ihrer Oberfläche entsteht, wie auch bei bedeckungsveränderlichen Sternen, deren Helligkeitswechsel durch die gegenseitige Bedeckung zweier oder mehrerer sich umkreisender Sterne verursacht wird.

Unter den zahlreichen Typen veränderlicher Sterne gibt es auch solche mit sprunghaften Periodenänderungen, zum Beispiel die Mira-Sterne, deren Vorbild Mira im Walfisch (o Cet) ist. Es kommt darauf an, den Zeitpunkt der Periodenänderung zu kennen. Dazu benötigt man genaue Helligkeitsmaxima und -minima. Besonders bei kurzperiodischen Veränderungen haben solche visuellen Helligkeitsbeobachtungen große Bedeutung. Auf fotografischen Platten, die im Rahmen von Überwachungsprogrammen angefertigt werden, ist zwar meist eine Fülle von Veränderlichen gleichzeitig abgebildet, jedoch kann man nur die mittlere Helligkeit während des Belichtungszeitraums angeben. Die Genauigkeit, mit der man die Helligkeitsschwankung erfaßt, hängt somit sehr stark von der verwendeten Belichtungszeit ab. Eine visuelle Lichtkurve des Veränderlichen hingegen gestattet mitunter, den entscheidenden Zeitpunkt bis auf ± 5 Minuten festzulegen.

Vor vielen zigtausend Jahren explodierte ein Stern als Supernova. Die leuchtenden gasförmigen Überreste, vermischt mit interstellarem Gas, bewegen sich noch immer mit großer Geschwindigkeit.

Anfang 1987 erschien eine helle Supernova in der Großen Maggellanschen Wolke. Dies war seit 1604 die erste Supernova, die mit dem bloßen Auge zu sehen war.

Alte Novae

Auch novaähnliche Veränderliche und alte Novae sind dankbare Forschungsobjekte für Liebhaber. Unter Novae versteht man Sterne, die plötzlich aufleuchten, während zuvor an dieser Stelle des Himmels kein Stern vorhanden schien. In Wirklichkeit handelt es sich um einen Stern (Praenova), der innerhalb kurzer Zeit einen Helligkeitsanstieg um 7 bis 16 Größenklassen zeigt. Zwischen 1900 und 1985 sind sehr auffällige Erscheinungen dieser Art beobachtet worden: die Nova Persei (1901), die Nova Aquilae (1918), die Nova Puppis (1942) und die Nova Cygni (1976). Letztere wurde wegen ihrer großen Helligkeit auch von zahlreichen Amateuren gleichzeitig entdeckt. Novaähnliche Veränderliche beanspruchen die Aufmerksamkeit der Wissenschaft, weil sie in manchen Eigenschaften mit den Novae übereinstimmen, in anderen aber nicht. Die Beobachtung dieser novaähnlichen Sterne ist daher dringend notwendig.

Besonderes Interesse gilt auch den Novae, von denen bereits mehrere Lichtausbrüche beobachtet wurden und die deshalb rekurrierende (lat. recurrere = zurückkehren) Novae heißen. Man nimmt heute an, daß möglicherweise alle Novae mehrere Ausbrüche zeigen und daß diese Eigenschaft aus dem Entwicklungsstadium der Sterne abzuleiten ist, die sie als Novae offenbaren. Um solche Sterne genau studieren zu können, muß man ihr Lichtwechselverhalten möglichst frühzeitig vor dem auffallenden Ausbruch der Helligkeit kennen. Sie sind deshalb eigens zur Überwachung empfohlen. Auf der Prager Generalversammlung der Internationalen Astronomischen Union (1967) wurde eine Liste von insgesamt 11 Novae veröffentlicht, deren Wiederaufleuchten wir in der nächsten Zeit bis etwa um die Jahrtausendwende mit einiger Sicherheit erwarten können. Dabei handelt es sich um folgende Objekte:

Nova	**Letzter Ausbruch**	**Amplitude in m**
IM Nor	1920	7,5
X Ser	1903	6,0
V 999 Sgr	1910	8,4
FM Sgr	1926	8,5
V 1016 Sgr	1899	6,5
V 441 Sgr	1930	7,3
HS Sgr	1900	6,5
V 1017 Sgr	1919	7,0
FN Sgr	1925	5,0
HR Lyr	1919	8,5
Eu Sct	1949	8,4

Welche Freude würde es für einen Amateur bedeuten, wenn er seine Aufmerksamkeit und seinen Fleiß durch die Beobachtung des Wiederausbruchs einer Nova belohnt sähe. Doch mit einem derartigen Erfolg kann man natürlich nicht rechnen. Ständige systematische Beobachtung von solchen Veränderlichen, die durch Fachleute empfohlen werden, ist der sicherste Weg, um einen nützlichen Beitrag zur Erkenntnis dieser Erscheinung zu leisten.

Spezial

Mondfinsternisse in Mitteleuropa bis zum Jahr 2000

Datum	Beginn in MEZ	Art der Finsternis
29. November 1993	$7^h\ 26^{min}$	total
04. April 1996	$1^h\ 10^{min}$	total
27. September 1996	$3^h\ 54^{min}$	total
24. März 1997	$5^h\ 39^{min}$	partiell
16. September 1997	$19^h\ 17^{min}$	total
21. Januar 2000	$5^h\ 43^{min}$	total
09. Januar 2001	$21^h\ 21^{min}$	total
16. Mai 2003	$4^h\ 13^{min}$	total

Noch immer faszinierend, nicht nur für Astro-Amateure: auch bei einer totalen Mondfinsternis bleibt der Mond – in kupferrotem Licht – sichtbar.

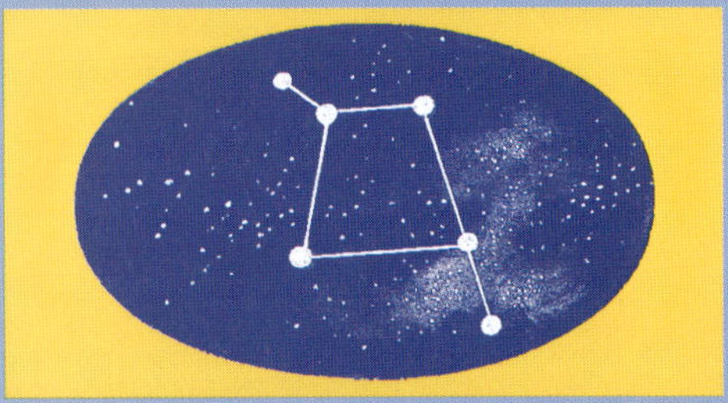

Nach einer Erzählung von Ovid hat der Rabe dem Gott Apoll Wasser gebracht. Dabei soll er sich verspätet haben, weil ihn an der Quelle eine riesige Wasserschlange aufgehalten hatte. Dieses kleine Sternbild Rabe, bestehend aus wenig auffallenden Sternen, liegt südlich der Jungfrau und ist am besten im Frühling abends zu beobachten.

Der Hantelnebel – ein für Astronomenaugen besonders reizvoller planetarischer Nebel im Sternbild Fuchs.

Der Himmel vor der Kamera

Bis jetzt war davon die Rede, wie wir den Himmel unter Einsatz unseres Auges in Verbindung mit den verschiedensten optischen Hilfsmitteln beobachten und erforschen können. In der Berufsastronomie wird diese Methode der Beobachtung heute kaum noch angewendet. Den Grund dazu erfahren wir, wenn wir uns einer Erfindung zuwenden, die heute alltäglich anmutet, aber dereinst ausgesprochen spektakulär gewesen ist.

Die Fotografie

Die ersten Ergebnisse der Fotografie im Bereich der Astronomie erwiesen sich als recht bescheiden, und es gehörte schon eine Menge Optimismus und Weitblick dazu, der „neuen Verfahrensart" eine glänzende Zukunft in der Wissenschaft, insbesondere auch der Astronomie, vorauszusagen.

Mit der Zeit wurde aber immer deutlicher, daß die fotografische Platte im Dienste der Astronomie gegenüber der herkömmlichen visuellen Beobachtung eine Reihe von Vorteilen aufweist, die ihren Siegeszug in der Wissenschaft beschleunigten: Erstens sind fotografische Aufnahmen objektive Dokumente. Zweitens können diese Dokumente praktisch beliebig lange aufbewahrt und mit später angefertigten Fotos derselben Motive verglichen werden. Drittens zeigen fotografische Himmelsaufnahmen zahlreiche Objekte *gleichzeitig* und speichern insofern in der gleichen Zeit mehr Informationen, als ein noch so geschickter Beobachter am Okular eines Fernrohrs gewinnen könnte. Und viertens haben fotografische Platten die Eigenschaft, Lichteindrücke zu summieren, das heißt bei längerer Belichtung tiefer in den kosmischen Raum vorzudringen als das menschliche Auge am Fernrohr.

Heute steht auch dem Amateur die Fotografie als Hilfsmittel seiner Untersuchungen offen. Mehr und mehr Liebhaber widmen sich der fotografischen Abbildung astronomischer Objekte, wobei ihnen die enorme Steigerung der Empfindlichkeit der Filmmaterialien besonders entgegenkommt, denn die meisten astronomischen Objekte sind nun einmal extrem lichtschwach. Natürlich sollte der Sternfreund in diesem Fall zugleich ein geübter Fotoamateur sein.

Fotomodelle am Himmel

Himmelskameras tragen die Fachbezeichnung Astrograph. Im Prinzip handelt es sich dabei um eine Kamera, die auf den Himmel gerichtet wird. Ein Astrograph kann folglich auch eine gewöhnliche Kleinbildkamera sein, wie sie heutzutage in nahezu jedem Haushalt anzutreffen ist.

Da die astronomischen Objekte mit Ausnahme von Sonne und Mond sehr schwach leuchten, sollte man ein möglichst lichtstarkes Objektiv verwenden, etwa mit dem Mindestöffnungsverhältnis 1 : 2,8. Je lichtstärker das Objektiv, desto kürzer sind die Belichtungszeiten. Bei der Belichtung wird ausnahmslos die größte Blende eingestellt, das heißt, wir arbeiten immer mit der vollen Öffnung, um recht viel Licht einzufangen. Die übliche Messung oder Schätzung der Belichtungszeit oder gar die Anwendung eines automatischen Belichtungsmessers entfällt ebenfalls, da wir praktisch immer „Zeitaufnahmen" anfertigen. Wir stellen daher unseren Verschluß auf B und verwenden einen feststellbaren Drahtauslöser, damit nichts verwackelt.

Wollen wir nun unseren ersten Versuch unternehmen, so ergibt sich sofort eine erhebliche Schwierigkeit: Während der längeren Belichtungszeit bewegen sich die Objekte des Firmaments infolge der Erddrehung scheinbar weiter. Wir benötigen daher eine Hilfseinrichtung, die es gestattet, die Kamera mit großer Präzision nachzuführen, damit stets dieselben Objekte auf der gleichen Stelle des Films abgebildet werden. Lediglich in Einzelfällen können wir mit einer fest auf einem Stativ aufgestellten ruhenden Kamera arbeiten: etwa wenn ein heller Komet am Himmel steht, der sich schon in einer so kurzen Belichtungszeit auf einen hochempfindlichen Film bannen läßt, daß die Rotation des Sternhimmels noch keine Rolle spielt.

Der Himmelsnordpol in der Mitte

Jeder Sternfreund, der mit fotografischen Experimenten beginnt, sollte den sich drehenden Himmel mit ruhender Kamera erfassen. Wir richten zu diesem Zweck die fest auf einem Stativ installierte Kamera so ein, daß in der Bildmitte der Himmelsnordpol erscheint. Infolge der Erdrotation entsteht bekanntlich der Eindruck, als drehe sich der Himmel um eine durch Himmelsnordpol und -südpol verlaufende Weltachse. Jeder Stern scheint sich auf einer Kreisbahn um den Nordpol des Himmels zu bewegen. Öffnen wir also den Verschluß unserer Kamera und belichten den Film 20 oder 30 Minuten, dann erhalten wir statt der sonst punktförmigen Sterne eine Schar konzentrischer Kreisausschnitte. Solche Strichspuraufnahmen sind besonders eindrucksvoll und sie sind leicht zu gewinnen.

Mit einigem Geschick können wir aus derartigen Aufnahmen sogar Sternkarten herstellen. Als Belichtungsdauer wählen wir in diesem Fall Zeiten zwischen 5 und 10 Minuten. Von den Negativen fertigen wir uns Vergrößerungen auf möglichst extrahartem Papier an. Die Anfangs- oder Endpunkte der Strichspuren werden nun durchlöchert, wobei wir sogar die unterschiedlichen scheinbaren Helligkeiten herausarbeiten können, indem wir verschieden starke Nähnadeln verwenden. Wir durchstechen also die Enden der Strichspuren jeweils entsprechend der Spurstärke, die angenähert die scheinbare Helligkeit des Sterns repräsentiert, der die Spur hervorgerufen hat.

Strichspuraufnahme um den Himmelssüdpol, 40 Minuten belichtet.

Der Komet Halley nahe den Nebeln NGC 6193/6188, aufgenommen am 6.April 1986 in Namibia (Belichtungszeit 20 Minuten auf Kodak Ektachrom 200).

Eine Sternkarte läßt sich jedoch auch ohne die Anwendung der Strichspurmethode herstellen. Dazu müssen wir die Belichtungszeiten so kurz wählen, daß sich die Sterne noch punktförmig abbilden. Benutzen wir wieder eine Kleinbildkamera mit dem Objektiv 2,8/50 und einen Film der Empfindlichkeit 400 ASA, so ergibt sich eine Belichtungszeit von 18 Sekunden. Der Film bildet dann die einzelnen Sterne nahezu punktförmig ab und erreicht noch Objekte bis zu einer scheinbaren Helligkeit von 6 Größenklassen.

Der Himmel in 45 Fotos

Um auf diese Weise eine Sternkarte des gesamten Himmels herzustellen, bedarf es eines vergleichsweise geringen Aufwands. Dies hängt damit zusammen, daß eine Kleinbildkamera ein sehr großes Gesichtsfeld besitzt, das heißt einen beträchtlichen Winkelbereich erfaßt. Bei einem Aufnahmeformat von 24 mm x 36 mm beträgt die dargestellte Fläche 28° x 42°. Eine einfache Rechnung zeigt, daß wir den gesamten Himmel mit nur 69 Fotos abbilden können, wenn wir von jedem einen Ausschnitt im Format 20° x 30° nutzen. Da in unseren Breiten lediglich ein Teil des Himmels zu sehen ist und die Aufnahmen sich gegenseitig überlappen sollten, kommt man mit 45 Fotos aus, wenn man den von hier aus sichtbaren Himmel erfassen will.
Wer sich dieser Aufgabe zuwenden möchte, erhält hier noch einen Überblick über die Anzahl der in den einzelnen Deklinationsbereichen erforderlichen hochformatigen Aufnahmen:

Mittlere Deklination	Anzahl der Aufnahmen
−15°	13
+15°	13
+45°	12
+75°	7

Für alle anderen Aufgaben der Himmelsfotografie ist es – wie bereits erwähnt – erforderlich, die Kamera den Sternen nachzuführen, das heißt deren durch die Rotation der Erde entstehende scheinbare Bewegung auszugleichen.
Hierzu eignet sich naturgemäß ein parallaktisch montiertes Fernrohr. Unsere Kleinbildkamera wird an das Instrument in der Nähe des Objektivs angeklemmt. Im Okular des Fernrohrs, das jetzt als Leitrohr dient, benötigen wir ein Fadenkreuz. Auf den Kreuzungspunkt der beiden Fäden bringen wir einen „Leitstern" des Gesichtsfeldes. Während der Belichtung müssen wir nun darauf achten, daß dieser Stern stets im Kreuzungspunkt der Fäden bleibt. Dies geschieht dadurch, daß wir unser Fernrohr in Deklination festklemmen und in Rektaszension durch eine Feinbewegung entweder mit der Hand oder mit Hilfe eines Laufwerks nachführen. Auch bei Verwendung eines Antriebs gilt es natürlich, die Güte der Nachführung ständig optisch zu kontrollieren.
Die Leistungsfähigkeit der Fotografie zeigt sich bei solchen Aufnahmen insbesondere,

wenn man großflächige Himmelsgebilde als Motive wählt, wie sie beispielsweise die Milchstraßenwolken oder auch ausgedehnte Sternbilder darstellen. Als Material kommen nur hochempfindliche Filme bis 1 000 ASA in Frage. Allerdings ist zu berücksichtigen, daß die Körnigkeit mit wachsender Empfindlichkeit zunimmt.

Licht und Zeit

Die günstigsten Belichtungszeiten sollte jeder selbst durch Probieren ermitteln. Sie hängen nämlich stark von den Bedingungen am Beobachtungsort ab. Weist der Himmelshintergrund eine große Helligkeit auf, wie dies zum Beispiel in Großstädten der Fall ist, dann kann man nicht so lange belichten wie bei tiefdunklem Himmel abseits größerer menschlicher Siedlungen, der natürlich stets zu bevorzugen ist.
Das Fernrohr diente uns hier zunächst nur als „passives" Hilfsinstrument, um die Kamera den Sternen nachzuführen. Wir können aber auch von seiner Optik Gebrauch machen und separate Fokalaufnahmen (Fokus = Brennpunkt) herstellen. Hierbei wird der Film unter Benutzung einer handelsüblichen Kamera, deren Objektiv wir entfernt haben, in die Brennebene des Fernrohrobjektivs gebracht. Als Motive eignen sich besonders Sonne, Mond und Planeten. Allerdings gilt es zu berücksichtigen, wie groß das vom Objektiv entworfene Bild des jeweiligen Gegenstandes ist. Sollte es infolge geringer Brennweite des Objektivs zu klein ausfallen, bekommen wir bei der Nachvergrößerung Schwierigkeiten, da der Film eine bestimmte Körnigkeit besitzt, die mitvergrößert wird. Der Mond – und ebenfalls die Sonne – ergibt z. B. in der Brennebene des Zeiss-Telementors ein Originalbild von 7,8 mm Durchmesser.
Das technische Problem besteht nun darin, die Kamera mit dem Fernrohr zu verbinden. Der Okularauszug des Fernrohrs besitzt jedoch ein Innengewinde, das die Anbringung eines entsprechenden Zwischenrings ermöglicht, der mit einem Gegengewinde auf der Teleskopseite und mit einem Fotogewinde auf der Kameraseite ausgestattet ist. Die Belichtungszeiten für Mondfotos liegen bei Verwendung von 100 ASA-Material zwischen 1/2 Sekunde bei schmaler Mondsichel und etwa 1/125 Sekunde bei Vollmond, verändern sich aber je nach der Mondhöhe, den atmosphärischen Verhältnisse und anderem.

Fotos vom Mann im Mond

Um ein hochwertiges Foto zu erhalten, müssen wir die Filmebene genau in die Brennebene des Teleskops bringen. Bei einer Spiegelreflexkamera ist das durch Benutzung des Prismensatzes leicht möglich, da wir die Bildschärfe auf diese Weise kontrollieren können. Anderenfalls setzen wir zunächst eine Mattscheibe an die Stelle des Films. Das Mattscheibenbild des jeweiligen Objekts, zum Beispiel des Mondes, läßt sich dann gut fokussieren (in den Brennpunkt bringen), indem wir den Oku-

Der Pferdekopfnebel im Orionnebel, aufgenommen auf Kodak Ektar 125, Negativfilm mit 90 Minuten Belichtungszeit.

Special

Feldstecher	AP in mm	Lichtstärke für eine Kamerabrennweite von 50 mm
6x30	5	1:10
8x30	3,75	1:13,5
7x50	7,1	1:7,2
10x50	5	1:10
15x50	3,3	1:15
10x60	6	1:8,3
12x60	5	1:10

larauszug bewegen. Um die Schärfe beurteilen zu können, empfiehlt es sich, das Mattscheibenbild mit einer etwa zehnfach vergrößernden Lupe zu betrachten. Erst wenn wir uns vergewissert haben, daß die Scharfeinstellung gegeben ist, legen wir den Film ein. Selbstverständlich darf an der Fokussierung nun nicht mehr das geringste verändert werden. Ein Abnehmen der Kamera vom Okularstutzen ist ebenfalls nicht ratsam.

Der Mond läßt sich natürlich auch unter Verwendung des Fernrohrokulars fotografieren. Man spricht dann von Okularprojektionsmethode. Hierzu müssen wir allerdings ein spezielles Ansatzstück verwenden. Die Helligkeit des Mondbilds sinkt, so daß die Belichtungszeiten länger werden. Die richtige Belichtungszeit ermitteln wir am besten durch Probieren. Sie hängt von verschiedenen Umständen ab, wie von dem verwendeten Okular, der Deklination des Mondes, den atmosphärischen Bedingungen usw.

Aufnahme der totalen Sonnenfinsternis am 11.6.1983 auf Java (Indonesien). Die dunkle Scheibe ist der Mond. Über den Rand des Mondes hinaus erstreckt sich die Sonnenkorona

Starmodell: Sonne

Auch die Sonne eignet sich gut als Modell des Himmelsfotografen. Fokalaufnahmen können wir auf dieselbe Art und Weise gewinnen wie beim Mond. Allerdings muß das gegenüber dem Mondlicht viel intensivere Sonnenlicht zuvor geschwächt werden. Hierzu dienen uns spezielle Sonnenfilter.

Die Okularprojektionsmethode läßt sich bei der fotografischen Beobachtung der Sonne ebenfalls anwenden. Hier wird allerdings auch ein Filter vor dem Objektiv erforderlich. Verwenden wir statt eines Filters ein durch Lochblende verkleinertes Objektiv, gilt es zu beachten, daß die im Okularbereich auftretende Wärme zur Zerstörung der Verkittung von orthoskopi-

schen Okularen führen kann, weshalb in diesem Fall ausschließlich die Huygens-Okulare zu benutzen sind.
Die Sonne als für den Menschen wichtigster Stern und zugleich nächster Fixstern im Weltall zeigt eine Reihe von Oberflächenerscheinungen, deren fotografische Verfolgung außerordentlichen Reiz besitzt. In erster Linie sind hier wiederum die Sonnenflecke zu nennen, die periodisch auftreten und deren Gesetzmäßigkeiten sich in einer über längere Zeit fortgeführten Fotoserie der Sonne eindrucksvoll zu erkennen geben. Genügend große Sonnenfleckengruppen existieren Wochen und manchmal Monate, so daß sich an ihrer Stellung die fortschreitende Rotation der Sonne gut verfolgen läßt.

Porträts der Planeten

Selbstverständlich können auch die Planeten fotografiert werden. Allerdings liegen die Probleme hier ein wenig anders. Da diese Himmelskörper lichtschwächer sind als Sonne und Mond, müssen wir entsprechend größere Belichtungszeiten wählen. Die stets vorhandene Luftunruhe wirkt sich dann natürlich beträchtlich stärker aus. Die Fokalbilder der Planeten sind recht winzig. So beträgt der Durchmesser des Jupiterbildes bei Oppositionsstellung dieses Planeten nur 0,93 mm, während der Scheibchendurchmesser des Mars selbst bei einer guten Opposition lediglich knapp 0,5 mm erreicht, wenn wir ein Fernrohr mit 4 m Brennweite (!) verwenden. Die Fotografie des Fokalbilds hat folglich nur dann Zweck, wenn wir die Brennweite unseres Fernrohrs vergrößern, um das Verhältnis des Bilddurchmessers zu den durch die Luftunruhe hervorgerufenen Positionsschwankungen zu verbessern.

Die Brennweite verlängern

Wie kann nun die Brennweitenverlängerung erreicht werden? Hierzu ist eine sogenannte Barlow-Linse geeignet. Dabei handelt es sich um eine Zerstreuungslinse, die kurz vor dem Brennpunkt des Fernrohrobjektivs in den Strahlengang gebracht wird. Das hierdurch vergrößerte Fokalbild entsteht kurz hinter dem Brennpunkt. Die

Sternspuren um den Himmelssüdpol mit hellem Meteor (60 Minuten belichtet ohne Nachführung auf Kodak Ektachrome 400, entwickelt auf ISO 800).

Das von den Wüstengebieten der Erde reflektierte Sonnenlicht ist bei sehr schmaler Mondsichel deutlich auf der nicht direkt von der Sonne beschienenen Mondfläche zu erkennen. Auf dem Mond „scheint“ die Erde.

Sternbild Orion
mit dem großen Orionnebel.

Äquivalentbrennweite des Systems Objektiv + Barlow-Linse läßt sich ermitteln, indem wir die Brennweite des Objektivs mit einem Verlängerungsfaktor n multiplizieren, der sich folgendermaßen berechnet:

$$h = \frac{f_b}{f_b - a} \quad .$$

Hierin bedeuten f_b die Brennweite der Barlow-Linse und a den Abstand zwischen Barlow-Linse und Brennpunkt des Objektivs. Den Verlängerungsfaktor sollte man nicht größer als 3 wählen, da sonst die guten Eigenschaften des Objektivs gestört werden und somit eine Beeinträchtigung der Qualität des Planetenbilds eintritt.

Die Brennweitenverlängerung läßt sich auch mit Okularen erreichen, die aus der für die visuelle Beobachtung der optisch unendlich fernen Objekte bestimmten Stellung herausgeschoben werden. Es eignen sich gut achromatische Okulare der Brennweiten f = 15 mm bis f = 25 mm.

Mit Kamera und Feldstecher

Will man eindrucksvolle helle Objekte und Ereignisse des Himmels im Bild festhalten, so bietet sich auch die Kombination eines Feldstechers mit einer Kamera an. Allerdings dürfen wir unsere Erwartungen an die Qualität der Fotografien nicht zu hoch schrauben, denn die Feldstecheroptiken sind ja speziell für die visuelle Beobachtung berechnet. Das Bild des Feldstechers liegt daher auf einer gekrümmten Fläche, so daß die dargestellten Objekte bei Anwendung ebener Abbildungsflächen nur in zentrumsnahen Gebieten der Fläche scharf sind, während zum Rand beträchtliche Unschärfen auftreten. Eine starke Nachvergrößerung der Fotos hat deshalb keinen Sinn.

Die Lichtstärke der Kombination Feldstecherkamera ergibt sich als Quotient aus der Brennweite der verwendeten Kamera und der Austrittspupille (AP) des Feldstechers. Für die verschiedenen handelsüblichen Feldstecher gelten daher die in der Tabelle Seite 124 aufgeführten Lichtstärken.

Wie wir sehen, sind die Lichtstärken selbst bei Feldstechern mit großer Öffnung und vergleichsweise geringer Vergrößerung nicht sehr hoch. Wir würden also zur Abbildung lichtschwächerer Objekte relativ lange Belichtungszeiten benötigen. Wegen der scheinbaren Himmelsdrehung ist dies aber nicht möglich. Die Feldstecher-Kamera eignet sich deshalb vorzugsweise zur fotografischen Abbildung der lichtstärksten astronomischen Objekte Sonne und Mond.

Da die Kameraverschlüsse oft gegenüber Wärme recht empfindlich sind, sollte man auch beim Fotografieren mit Hilfe des Feldstechers die Vorsichtsmaßnahmen ergreifen, auf die bereits in dem Abschnitt über die Feldstecher-Sternwarte hingewiesen wurde. Eine Abblendung des Feldstecherobjektivs und die Verwendung eines Sonnenblendschutzglases auf der Okularmuschel sind geeignete Mittel, um Schäden an der Kamera zu vermeiden. Die Gefahr der Schädigung des Kameraverschlusses läßt sich nahezu völlig ausschalten, wenn wir von vornherein die Blende und den

Verschluß ganz öffnen. Die Belichtung erfolgt dann durch Abnehmen einer lose auf das Objektiv gesteckten Pappkappe oder ähnliches. Auch bei Mondfotos können wir so verfahren. Wir vermeiden damit zudem noch Erschütterungen, die manchmal mit dem Auslösen des Verschlusses verbunden sind und die zu verwackelten Bildern führen.

Die Verbindung zwischen Feldstecher und Kamera sollte möglichst lichtdicht sein, um nicht durch eintretendes Nebenlicht die Bilder zu verschleiern. Eine Papphülse, die vom Okularende des Feldstechers bis über das Objektiv der Kamera reicht, genügt hierfür meist.

Amateur-Astrokamera

Die Jenoptik Carl Zeiss Jena GmbH bietet innerhalb ihres Produktionsprogramms auch eine Kamera für Aufnahmen astronomischer Objekte an: die Amateur-Astrokamera 56/250. Sie ist vor allem für Sternfeldaufnahmen gedacht. Sie wird – wie die Kleinbildkamera oder andere Fotoapparate auch – mit einem Fernrohr verbunden, das aber nur als Leitrohr für die Nachführung dient. Die Astrokamera stellt ansonsten eine selbständige optische Einrichtung dar. Das Objektiv hat einen Durchmesser von 56 mm und eine Brennweite von 250 mm. Als fotografisches Material werden Platten des Formats 9 cm × 12 cm verwendet, die nach klassischer Manier in Kassetten eingelegt werden. Unter günstigen atmosphärischen Bedingungen gestattet die Kamera bei etwa einstündiger Belichtung der Platte die Abbildung von Sternen bis zur 14. Größenklasse.

Erst überlegen – dann auslösen

Um gute Bilder astronomischer Objekte zu erzielen, sollte man nicht auf glückliche Zufälle hoffen. Vielmehr sollte der Sternfreund *vor* dem Druck auf den Auslöser die Bedingungen prüfen und mit dem Fotografieren nur dann beginnen, wenn begründet Aussicht auf Erfolg besteht.

Aufnahmen astronomischer Objekte, die tiefer als 30° über dem Horizont stehen, werden wir tunlichst vermeiden. Turbulenz der Atmosphäre, Unsauberkeit der Luft und andere Faktoren lassen keine guten Ergebnisse erwarten. Deshalb arbeiten wir unter solchen Bedingungen nur dann, wenn es sich um das dokumentarische Erfassen eines astronomischen Ereignisses handelt, das nun einmal nicht in größerer Höhe über dem Horizont stattfindet.

Die Szintillation, die sich besonders bei Langzeitbelichtungen zur Abbildung von Sternfeldern unangenehm auswirkt und bei Planetenfotografien zum Verwischen der Details führt, tritt nicht zu allen Nachtstunden gleich stark in Erscheinung. Vielmehr ist sie zu Beginn der Nacht, um Mitternacht und gegen Morgen am geringsten. Somit sind dies auch die Stunden, die sich für fotografische Aufnahmen am besten eignen.

Für die Auswahl des Film- und Plattenmaterials lassen sich kaum allgemeingültige

Milchstraßenwolken im Sternbild Schütze (20 Minuten belichtet auf Agfachrome 1000 RS Diafilm).

Ratschläge erteilen. Es kommt auf den Verwendungszeck der Aufnahmen an. Der Farbwahrnehmung des menschlichen Auges entspricht am besten orthochromatisches Filmmaterial.

Wer jedoch sein Ziel in der Anfertigung ästhetischer Aufnahmen reizvoller astronomischer Objekte sieht, wird auch gern zum Farbfilm greifen, zumal die hohe Empfindlichkeit des heutzutage handelsüblichen Materials dazu herausfordert. Man muß sich jedoch darüber im klaren sein, daß die Farben, in denen die Objekte erscheinen, nicht unbedingt die tatsächlichen physikalischen Verhältnisse widerspiegeln, sondern stark von der Belichtungszeit und anderen Randbedingungen abhängen.

Sehr wichtig ist es, die Kamera dem abzubildenden Objekt präzise nachzuführen. Lediglich bei Belichtungszeiten bis höchstens 1/2 Sekunde kann auf eine Nachführung verzichtet werden, wobei natürlich die Brennweite des verwendeten Geräts eine Rolle spielt. Benutzt man ein Instrument mit einer Äquivalentbrennweite von 10 m, so ist im Fadenkreuz des Leitrohrs schon eine Entfernung des Leitsterns von einer Bogensekunde aus dem Kreuzungspunkt der Fäden unerwünscht. Bei solchen Äquivalentbrennweiten kommt es deshalb darauf an, eine möglichst starke Vergrößerung – mindestens hundertfach – im Leitrohr zu verwenden.

Je heller, desto schwärzer

Als wir über Liebhaberforschungsprogramme sprachen, haben wir bereits die Bedeutung der Fotografie hervorgehoben. So spielt sie bei der Beobachtung der Kleinen Planeten eine vorherrschende Rolle. Auch andere Forschungsprogramme können von Amateuren mit Hilfe der Kamera erfolgreich bearbeitet werden.

Zwei Arbeitsgebiete, die sich inzwischen mit guten Ergebnissen der Anwendung fotografischer Methoden bedienen, sind die Bestimmung des Lichtwechsels veränderlicher Sterne und spektroskopische Untersuchungen. Es ist nicht möglich, die Verfahren hier in aller Ausführlichkeit zu beschreiben. Daher mögen die folgenden Bemerkungen genügen.

Die während der Belichtungszeit auf Film oder Fotoplatte einfallende Lichtmenge führt zur Schwärzung der betroffenen Film- oder Plattenteile. Aus der Schwärzung läßt sich folglich auch auf die eingefallene Lichtmenge schließen. Verfahren, die auf diesem Wege aus Schwärzungen Sternhelligkeiten zu bestimmen gestatten, werden unter dem Sammelbegriff „fotografische Fotometrie“ zusammengefaßt. Der Aufwand an Apparatur ist hierfür relativ hoch, und diese Verfahren werden im allgemeinen den Fachsternwarten vorbehalten bleiben müssen.

Jedoch kann auch der Amateur Helligkeiten aus Schwärzungen ableiten, indem er die bereits erwähnte Argelandersche Stufenschätzungsmethode anwendet. Die Helligkeit des jeweiligen Veränderlichen schließt man an schon bekannte Helligkeiten von Vergleichssternen an, die unter denselben Bedingungen fotografiert wurden, das heißt sich auf derselben Platte in unmittelbarer Nähe des Veränderlichen befinden sollten. Da dies oft nicht möglich ist, wählt man fotometrisch genau ausgemessene Standardsternfelder aus, wie die um den Himmelsnordpol liegenden Sterne (Internationale Polsequenz) oder die der Sternhaufen Praesepe und Plejaden. Das zum Vergleich herangezogene Sternfeld sollte natürlich dem Veränderlichen am Himmel möglichst nahe stehen. Außerdem ist es erforderlich, das Vergleichsfeld auf derselben Platte abzubilden wie das zu untersuchende Objekt. Ein Teil der Fotoplatte muß also für diesen Zweck reserviert werden, indem man zum Beispiel die Kassette mit der Platte verschiebbar anbringt und nacheinander jeweils eine Hälfte belichtet.

Sterntemperaturen

Die Anwendung spezieller Farbfilter eröffnet dem Amateur noch andere verblüffende Möglichkeiten. Man kann zum Beispiel mit einfachen Mitteln die Temperaturen der Sterne bestimmen, die ja durch die unterschiedlichen Sternfarben ausgedrückt werden. Gelingt es nun, die Farbe genau zu „messen", so erhält man relativ zuverlässige Auskunft über die Sterntemperaturen. Das Prinzip solcher Messungen besteht in folgendem: Wir belichten eine fotografische Platte mit einem bestimmten Sternfeld unter Verwendung eines speziellen Farbfilters, das im blauen Spektralbereich das Maximum seiner Durchlässigkeit besitzt. Sodann wird dieselbe Himmelsgegend unter Verwendung eines speziellen Gelbfilters fotografiert. Die Schwärzungen der verschiedenen Sterne auf der Platte fallen verständlicherweise unterschiedlich aus. Einmal erhalten wir die Blauhelligkeiten B, im anderen Fall die Gelbhelligkeiten V (von visuell). Die Differenz zwischen der Blau- und der Gelbhelligkeit wird als Farbenindex bezeichnet. Er ist von der Verteilung der Intensität des Sternlichts über die verschiedenen Wellenlängen, das heißt letztlich von der Temperatur der Sterne, abhängig.

Um angenähert zutreffende Ergebnisse zu erzielen, benutze man die angegebene Beziehung zwischen dem Farbenindex und den Temperaturen des Schwarzen Strahlers.

B – V	Temperatur in K
–0,23	25 000
–0,17	20 000
+0,04	12 000
+0,34	8 000
+0,61	6 000
+0,78	5 000
+1,12	4 000
+1,14	3 300
+1,66	3 000

Der Schwarze Strahler ist ein speziell definierter idealer Strahler. Die Sterne weichen in ihrem Verhalten von dem eines Schwarzen Strahlers aus verschiedenen Gründen mehr oder weniger ab. Deshalb können wir bei der Anwendung unseres sehr einfachen Verfahrens auch keine präzisen Ergebnisse erwarten. Immerhin gewinnen wir aber eine Vorstellung von den Temperaturen der Sterne, deren exakte Bestimmung selbst mit den modernen Hilfsmitteln der Astrophysik erhebliche Schwierigkeiten bereitet.

Spezielle Farbfilter

Für unsere Mehrfarbenfotometrie können wir natürlich keine beliebigen Blau- oder Gelbfilter benutzen. Die Durchlässigkeit ist nämlich genau definiert. Für diesen Zweck kommen nur Filter Schott GG 13 (blau) und Schott GG 11 (visuell) in Frage. In Verbindung damit benötigen wir zum Feststellen der Blauhelligkeiten ein blauempfindliches und für die Ermittlung der Gelbhelligkeiten ein gelbempfindliches Film- oder Plattenmaterial.

Sternfeld im Sternbild Schwan (belichtet 15 Minuten ohne Nachführung auf Kodak Ektachrome High Speed 23 DIN).

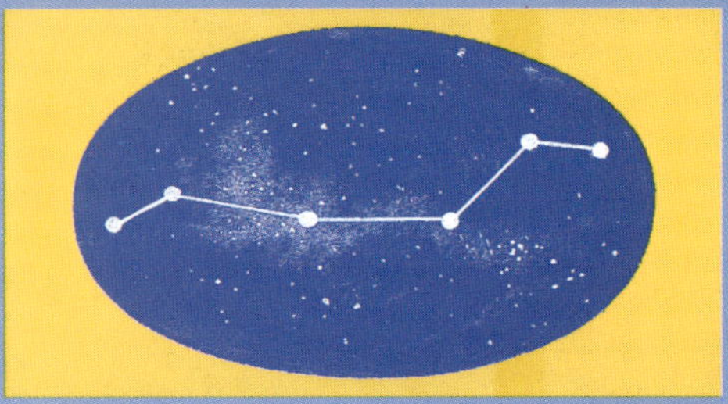

Das 1690 von dem deutschen Astronomen Johannes Hevelius (1611-1687) eingeführte Sternbild Luchs gehört zu den nahezu vollständig zirkumpolaren Konfigurationen des Nordhimmels. Es ist ein kleines Sternbild und liegt zwischen der großen Bärin und dem Fuhrmann.

Allerlei Wissenswertes

Wissen,wo`s steht: die Zeitschriften

Machen wir uns klar, wie Wissenschaft funktioniert, so müssen wir der manchmal noch vertretenen Ansicht widersprechen, daß es hierbei hauptsächlich auf den in einsamer Abgeschiedenheit tätigen Einzelnen ankomme. Jedes wissenschaftliche Ergebnis baut auf der Forschungsarbeit anderer auf und liefert selbst wieder einen Mosaikstein zum gewaltigen Bild der menschlichen Erkenntnis.

Der Wissenschaftler muß deshalb heute einen erheblichen Teil seiner Zeit darauf verwenden, zu erfahren, was andere vor ihm bereits erkannt haben. Er muß über den erreichten Wissensstand im Bilde sein. Größte Bedeutung besitzt deshalb die Tatsache, daß sich alle Erkenntnisse, die in einsamen Nächten von forschenden Gelehrten an den Teleskopen gewonnen werden, in weltweit verbreiteten Zeitschriften wiederfinden lassen. Die Fachzeitschriften speichern das Wissen, die Vermutungen und Ansichten der Forscher und sind insbesondere für Wissenschaftler ein unentbehrliches Hilfsmittel des Informationsaustausches.

Der Amateur wird nun einwenden, daß er mit dem spezialisierten und vielfach in mathematische Form gekleideten Gedan-

James Bradley (1692-1762), berühmter englischer Astronom und Direktor der Sternwarte Greenwich (links).
Wilhelm Foerster (1832-1921), deutscher Astronom und Wissenschaftsorganisator, Direktor der Berliner Universitätssternwarte.

kenaustausch der Berufsastronomen nicht allzuviel beginnen kann. Doch je stärker sich in der Astronomie eine Amateurbewegung entwickelte, desto notwendiger erschien es, für sie spezielle Zeitschriften zu gestalten. So wurde schon im Jahr 1868 eine populärwissenschaftliche Zeitschrift unter dem Titel „Sirius“ gegründet, die sich die Aufgabe stellte, astronomisches Wissen weiten interessierten Kreisen zugänglich zu machen. Später entstanden auch Journale, in denen Laienastronomen die Resultate ihrer Arbeit veröffentlichen konnten.

Bis 1996 erschien in Leipzig die 1921 von dem Verfasser zahlreicher populärwissenschaftlicher Bücher, Robert Henseling (1883 – 1964), gegründete Zeitschrift „Die Sterne“. Neben informierenden Beiträgen enthielt bereits ihr erstes Heft eine „Aufforderung zur Beobachtung Neuer Sterne“, mit der sie sich an die Amateure wendete. Obwohl die Zeitschrift „Die Sterne“ (siehe auch Bibliographie S. 140) ein anspruchsvolles Informationsblatt über alle Gebiete der modernen Astronomie darstellte, wurden nach wie vor auch Beiträge fortgeschrittener Astroamateure darin veröffentlicht.

Zahlreiche Informationen, insbesondere auch aus der Feder von Amateuren, finden die Sterngucker in der Zeitschrift „Sterne und Weltraum“, die seit dem Jahre 1962 erscheint und heute die verbreitetste deutschsprachige Zeitschrift für Astronomiebegeisterte darstellt. In der ehemaligen DDR gab es speziell für die Lehrer des dort seit 1959 obligatorischen Lehrfaches „Astronomie“ die Zeitschrift „Astronomie in der Schule“. Sie erscheint jetzt unter dem Titel „Astronomie + Raumfahrt“ im Friedrich-Verlag, Velber, und wendet sich an alle Freunde der Astronomie.

Vereinigungen der Amateure

Sternfreunde brauchen den persönlichen Kontakt und den Erfahrungsaustausch mit Gleichgesinnten. Die beste Sammlung von Büchern und Zeitschriftenbeiträgen vermag die persönliche Begegnung nicht zu ersetzen. Die Mitteilungen eines „alten Hasen“ geben dem Anfänger mitunter in wenigen Sätzen Hinweise, die er in der

Hugo von Seeliger (1848-1924), einer der bedeutendsten Astronomen seiner Zeit, Direktor der Sternwarte in München (links).
Hermann Struve (1854-1920), deutscher Astronom und Direktor der Sternwarten in Königsberg und Berlin.

Menschen auf dem Mond – die bisher einzigen direkten „Ausflüge" der Menschheit in das Universum im Rahmen des Apollo-Programms 1969-1972 (USA). Könnte man eine ständige Sternwarte auf dem Mond betreiben, wären die Sterne ohne Unterbrechung immer zu beobachten, denn der Mond besitzt keine Atmosphäre, die Beobachtungen des Sternhimmels am Tage verhindert.

Literatur nur mit großer Mühe finden oder gar vergeblich suchen würde. Deshalb haben sich schon vor vielen Jahrzehnten in allen Ländern mit einer hochentwickelten Forschung auch Vereinigungen von Sternfreunden gebildet. Sie tagen regelmäßig, sind nach fachlichen Gesichtspunkten gegliedert, tragen zur Organisation und zur Abstimmung der Arbeiten von Amateuren bei und ermöglichen einen zwanglosen Erfahrungsaustausch.
Ein junger amerikanischer Amateurastronom, James Gall, ärgerte sich darüber, daß man über Sternfreunde im Ausland so wenig weiß. Er begann deshalb damit, systematisch alle ihm erreichbaren Fakten über astronomische Amateureinrichtungen und -vereinigungen zu sammeln und als Buch zu veröffentlichen.
Obwohl die erste Ausgabe verständlicherweise noch äußerst lückenhaft war, enthält allein die Liste der amateurastronomischen Arbeitsgruppen insgesamt 725 kleinere und größere Vereinigungen, deren Mitglieder man heute auf etwa 100 000 schätzen kann. Sie alle finden in der Astronomie „Sternstunden" der Erkenntnis, der Freude und Erholung.
In der Bundesrepublik Deutschland arbeiten die Sternenfans in der „Vereinigung der Sternfreunde" (VdS) zusammen. Die VdS ist die unmittelbare Nachfolgeorganisation des „Bundes der Sternfreunde" (BdS) und der noch älteren „Vereinigung von Freunden der Astronomie und kosmischen Physik" (VAP). Sie besteht seit 1953 und war zunächst – trotz der Existenz von zwei deutschen Staaten – praktisch als gesamtdeutsche Amateurorganisation wirksam. Später wurde die Mitarbeit der Amateure der damaligen DDR auf den „Zentralen Fachausschuß Astronomie" des Kulturbundes konzentriert, und nach 1961 wurde die Mitarbeit der ostdeutschen Amateure in der VdS völlig unmöglich. Jetzt steht die VdS wieder allen deutschen Sternfreunden offen. Das breite Interessenspektrum ihrer Mitglieder spiegelt sich in den zahlreichen Fachgruppen, für die nachfolgend jeweils die Kontaktpersonen und -adressen aufgeführt sind, um jedem Leser den schnellen Zugang zur Mitarbeit in der VdS zu eröffnen:

Für den Kontakt zu den Fachgruppen sind zuständig:

VdS-Materialzentrale
Thomas Heising
Clara-Zetkin-Straße 59
D-39378 Oschersleben

Amateurteleskope,
Fernrohre und Zubehör
Elmar Remmert
Im Hinterdorf 2
D-58796 Nachrodt

Montierungen und Schutzbauten
Dieter Rösner
Tulpenweg 48
D-44651 Herne

Astrofotografie
Peter Riepe
Alte Ümminger Straße 24
D-44892 Bochum

Atmosphärische Phänomene
Wolfgang Hinz
Otto-Planer-Straße 13
D-09131 Chemnitz

CCD-Technik
Josef Schäfer
Am Weißen Stein 4
D-97877 Wertheim

Geschichte
Dr. Jürgen Hamel
Anklamer Straße 28
D-10115 Berlin

Kleine Planeten
Jost Jahn
Neustädter Straße 11
D-29389 Bodenteich

Kometen
Andreas Kammerer
Johann-Gregor-Brauer-Str. 28
D-76275 Ettlingen

Meteore
Dieter Heinlein
Lilienstraße 3
D-86156 Augsburg

Planeten
Dr. Ralf Koppmann
Wilhelm-von-Jülich-Straße 21
D-41179 Mönchengladbach

Pseudowissenschaften

Astrologie
Edgar Wunder
Bergheimer Straße 88
D-69115 Heidelberg

UFOs
Rudolf Henke
Große Ringstraße 11
D-69207 Sandhausen

Sonne
Peter Völker
Wilhelm-Förster-Sternwarte
Munsterdamm 90
D-12169 Berlin

Sternbedeckungen
Hans-J. Bode (IOTA/ES)
Bartold-Knaust-Straße 8
D-30459 Hannover

Veränderliche

BAV-Zentrale
Werner Braune
Münchner Straße 26
D-10825 Berlin

SuW-Kontakt
Dr. Ulrich Bastian
Guttenbergstraße 7
D-69245 Bammental

Visuelle Deep-Sky-Beobachtung
Ronald C. Stoyan
Am Hasengarten 11
D-91074 Herzogenaurach

Im Dialog mit dem Computer

Die moderne astronomische Forschung ist ohne Mathematik nicht denkbar.
Der Grund für das enge Wechselverhältnis beider Wissenschaften ist einfach: die Mathematik beschäftigt sich mit den quantitativen Eigenschaften der Welt und die Astronomie mit den Objekten des Weltalls, ihren Bewegungen, ihrer räumlichen Anordnung und ihren Veränderungen. Veränderung und Entwicklung, Verteilung und Bewegung bedürfen aber der quantitativen Beschreibung, wenn man zu wissenschaftlich begründeten Aussagen gelangen will. Die gesamte Geschichte der Astronomie ist daher gekennzeichnet durch eine immer weiter fortschreitende Mathematisierung und Physikalisierung. Während man vor Jahrtausenden mühsam aus

Ein attraktives Angebot aus der bekannten Celestron-Serie: Der C8 Compustar. Dieses Spiegelteleskop (200/2000) ist mit einem Computer kombiniert, in dem 8 190 Objekte gespeichert sind. Dadurch ist es möglich, ganze Beobachtungsprogramme zusammenzustellen und selbsttätig ablaufen zu lassen.

Das fliegende Kuiper-Observatorium (USA) – spezielle Ereignisse und Objekte im Universum werden mit an Bord befindlichen Instrumenten aus großen Höhen der Atmosphäre beobachtet. Mit Hilfe dieser fliegenden Sternwarte wurde z.B. das Uranus-Ringsystem entdeckt.

Sternfans aus Berlin restaurieren seit zehn Jahren den Turm der alten Sternwarte des Grafen von Hahn in Remplin/Mecklenburg.

Beobachtungen bestimmte Regelmäßigkeiten herauszulesen trachtete, können wir heute die Positionen der Sonne, des Mondes, der Planeten oder beliebiger anderer Himmelskörper mit jeder gewünschten Genauigkeit sowohl für Zeitpunkte der Vergangenheit als auch der Zukunft berechnen.
Natürlich beschränkt sich die Anwendung der Mathematik in der Astronomie keineswegs allein auf die Himmelsmechanik. Vielmehr sind alle Gebiete der modernen Kosmosforschung weitgehend mathematisiert. Dies ergibt sich bereits aus der Betrachtung der Himmelskörper als physikalische Objekte, aus den Modellen der Sterne als Grundlage für Erkenntnisse über die Sternentwicklung, aber auch aus der Interpretation der Sternspektren nach den Erkenntnissen der Atomphysik sowie aus der Anwendung der Quantentheorie und der Relativitätstheorie auf die Vorgänge im Weltraum. Und doch gibt es einen wesentlichen Unterschied gegenüber früher: heute stehen hochleistungsfähige Computer zur Verfügung, die über immense rechentechnische Fähigkeiten verfügen, unvorstellbare Speicherkapazitäten besitzen und ans märchenhaft grenzende Rechengeschwindigkeiten aufweisen. Wenn man früher zu Recht feststellte, eine Sternwarte bestehe aus ihren Fernrohren und einer guten Bibliothek, so muß man dies heute durch den Zusatz ergänzen: und aus einer hochleistungsfähigen Rechentechnik.

Die heutige Generation von Personalcomputern (PC) ist das Ergebnis einer rasanten Entwicklung der jüngsten Vergangenheit. Zweimal in den letzten 20 Jahren haben sich wichtige Parameter, wie z. B. Verarbeitungsgeschwindigkeit, Bauteilgröße, Speichergröße und Zuverlässigkeit um den Faktor 1 000 verbessert. Davon sind auch die Kosten nicht ausgenommen. Mit anderen Worten: vorbei sind die Zeiten, da Computer der Industrie oder großen Forschungseinrichtungen vorbehalten waren. Heute ist es praktisch jedem Interessierten möglich, sich einen PC auf den häuslichen Tisch zu stellen und damit für den Außenstehenden schier unvorstellbare „Wunder" zu vollbringen. Ein- bis zweitausend Mark reichen schon aus, um sich ein System auf PC-Basis anzuschaffen, das mit Diskettenlaufwerk, einer Festplatte und einer Speicherkapazität von 1 Megabyte ausgestattet ist.
Wer in diesem Zusammenhang befürchtet, er müsse ein blendender Mathematiker sein, um sein Equipment ausschöpfen oder überhaupt anwenden zu können, der kann beruhigt sein. Für mannigfache Anwendungsfälle der Astronomie haben bereits kompetente Kenner der Materie vorgearbeitet, so daß sich der Benutzer keineswegs alleine durch den mitunter schwer überschaubaren Dschungel der mathematischen Theorie quälen muß. In jeder Computer-Zeitschrift, oder auch in den einschlägigen Zeitschriften für den Sternfreund (siehe Bibliographie), finden wir Anregungen oder sogar Anzeigen von Software-Anbietern zu unterschiedlichen Themen. Sachkundige Amateure bieten für bestimmte Computer sogar Software kostenlos an. Adressen solcher Anbieter kann man über die Volkssternwarten und astronomischen Vereinigungen erfahren, in denen heute fast ausnahmslos astronomische Computerfreaks aktiv sind. Die Programme – obwohl von Amateuren entwickelt – genügen häufig professionellen Ansprüchen.
Welche Aufgaben werden vornehmlich mit dem Computer zu bearbeiten sein? Zum einen handelt es sich um die Berechnung der Koordinaten von Sonne, Mond, Planeten, Kometen und Planetoiden, zum anderen aber um bildliche Darstellungen des Anblicks, den der Sternhimmel für irgendeine ausgewählte Zeit und für irgendeinen Ort bietet. Die Sternkarte erscheint auf dem Bildschirm und bietet weit mehr als

Das Zeiss-Großplanetarium Berlin, Prenzlauer Allee – eines der modernsten und jüngsten deutschen Planetarien (Eröffnung 1987).
Das Planetarium verfügt über den Zeiss-Jena-Cosmorama-Projektor sowie eine Fülle von Zusatztechnik. In den Repertoire-Programmen dieses Planetariums wird Wissenschaft zum Erlebnis.

nur ein topographisches Abbild. So ist es z. B. ohne weiteres möglich, für bestimmte auf der Karte erscheinende Objekte zusätzliche Informationen abzurufen, etwa die Koordinaten des Objekts, seine Spektralklasse, die Helligkeit, den Namen usw. Grundlage solcher Darstellungen sind natürlich die professionellen Kataloge, die von großen astronomischen Zentren erarbeitet und auf Magnetband gespeichert wurden und für den Diskettenbetrieb der Kleinrechner vorbereitet sind.
Dabei erweist sich die Anwendung des Computers durchaus nicht schlechthin als ein Mittel zur Befriedigung des Spieltriebs seines Besitzers. Er kann vielmehr ein sinnvolles und leicht handhabbares Hilfsmittel für die Bewältigung der jeweils speziellen Beobachtungsaufgaben sein. Dies beginnt bereits bei der Ermittlung der auf- und Untergangszeiten von Sonne und Mond. Sie sind in den einschlägigen Jahrbüchern nur für wenige ausgewählte Orte angegeben, so daß man im Einzelfall fast immer auf Interpolationen angewiesen ist. Der Rechner erspart langes Nachdenken und liefert sofort die wirklich benötigten ortsbezogenen Daten. Ähnliches gilt für Sternbedeckungen durch den Mond. Hier benötigt man die Daten stets sehr präzise für den Beobachtungsort. Die Vorhersagen sind aber lediglich für wenige ausgewählte Orte angegeben, und eine Umrechnung ist unverzichtbar. Auch Bahnberechnungen von Kometen sind ein denkbares Betätigungsfeld für den Amateurastronomen mit PC. Gerade bei Neuentdeckungen stehen aktuelle Ephemeriden oft nicht zur Verfügung, während ein Satz von Bahnelementen für den speziellen Himmelskörper bereits hinreicht, seine weitere Bewegung kennenzulernen und das eigene Beobachtungsprogramm danach einzurichten.
Dies sind nur einige wenige Anwendungsbeispiele, die erkennen lassen, daß der ernsthafte Amateurastronom einen PC mit großem Gewinn für seine Arbeit einsetzen kann.
Natürlich ist die Benutzung schon vorgegebener Programme nur eine Möglichkeit der Computerbenutzung. Vielen wird dies auf die Dauer zu wenig sein. Sie mögen den Ehrgeiz haben, selbst spezielle Programme zu entwickeln oder in den himmelsmechanischen und mathematischen Hintergrund der Programme tiefer einzudringen.

Typischer Computer-Arbeitsplatz eines Amateurs mit Bildschirmgrafik.

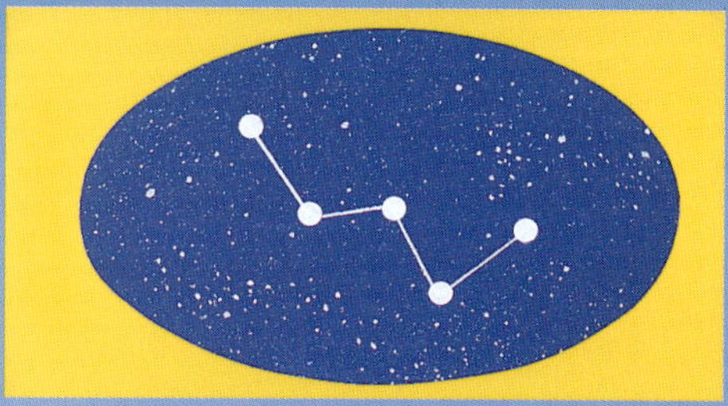

Das klassische Sternbild Kassiopeia stellt die Gattin des Königs Kepheus dar, die sich dereinst mit den Meeresjungfrauen an Schönheit verglich und dafür ihre Tochter Andromeda opfern sollte. Das „Himmels-W“ ist bei uns ein Zirkumpolarsternbild und daher immer sichtbar.

Sternwarten für jedermann

Wahre Begegnungsstätten der Sternfreunde und Sammelpunkte ihrer Aktivitäten sind die zahlreichen Volkssternwarten in unserem Lande. In den ostdeutschen Bundesländern kommt noch eine große Zahl von Schulsternwarten hinzu, die infolge des jahrzehntelangen obligatorischen Lehrfaches Astronomie nach und nach entstanden. Auch sie widmen sich natürlich neben der schulischen Arbeit und einem populärwissenschaftlichen Angebot gegenüber der Öffentlichkeit auch den Amateurastronomen. Die Volkssternwarten werden oft von gemeinnützigen eingetragenen Vereinen (e.V.) betrieben, so daß der Anteil ehrenamtlicher Arbeit groß ist. Die größten Einrichtungen erhalten allerdings auch Zuwendungen der Kommunen oder sind städtisch.

Von der Öffentlichkeit abgeschirmt und ausschließlich den Profis vorbehalten ist das höchstgelegene Groß-Observatorium der Erde auf dem Mauna Kea (Hawaii/USA)

Wer sich also für die Astronomie begeistert, wer in dieses Hobby „einsteigen“ möchte, und sei es auch zunächst nur probeweise, der sucht sich am besten eine der astronomischen Vereinigungen, Volks- oder Schulsternwarten in der Nähe seines Heimatortes aus (siehe Verzeichnis im Anhang dieses Buches) und nimmt Kontakt auf. Dort wird man ihm sachkundig raten, wie er am schnellsten und besten weiterkommt, seinen Interessen und Möglichkeiten entsprechend.

Natürlich sind die Möglichkeiten der verschiedenen Volks- und Schulsternwarten sehr unterschiedlich, je nach ihrer instrumentellen und personellen Ausstattung. Die größten Einrichtungen veranstalten Vortragsabende, öffentliche Beobachtungen, unterhalten Kurssysteme und Arbeitsgemeinschaften und öffnen auch ihre mitunter recht umfangreichen Bibliotheken für speziell interessierte Besucher.

Einen besonderen Anziehungspunkt nicht nur für die eingefleischten „Fans“, sondern für breiteste Kreise der Bevölkerung stellen die großen Planetarien dar. Sie bieten einen naturgetreuen, wenn auch nur künstlichen

500-mm-Cassegrain-Spiegelteleskop der Archenhold-Sternwarte Berlin-Treptow.

Sternhimmel. Der Vorteil besteht darin, daß weder Tageszeit noch Wetter eine Rolle spielen. Der Besucher kommt jederzeit auf seine Kosten, während die Sternwarten mit ihren Teleskopen Dunkelheit und klaren Himmel abwarten müssen. Planetarien können die Himmelserscheinungen aller Orte der Erdoberfläche in Vergangenheit und Zukunft darstellen und gestatten, mit ihrer heutzutage oft umfangreichen Zusatztechnik verblüffend echte Weltraumillusionen zu erwecken. Dort kann man Astronomie auf besonders anschauliche Weise erleben und kennenlernen. Neben den großen Planetarien in Hamburg, Wolfsburg, Mannheim, München, Münster, Cottbus, Berlin (dort sind sogar zwei große Planetarien vorhanden), Halle, Jena und Stuttgart gibt es aber noch diverse Planetarien mit kleineren Kuppeln und Projektionsgeräten. Auch sie lohnen einen Besuch. Immerhin verbrachten im Jahr 1990 allein in Deutschland rund zwei Millionen Menschen ihre Zeit mehr oder weniger lang in einem Planetarium – eine beeindruckende Zahl, die das große öffentliche Interesse an astronomischer Bildung allerorten erkennen läßt.

Die Programme der Volkssternwarten und Planetarien sind heute fast überall inhaltlich auf die verschiedenartigsten Zielgruppen abgestimmt: Vorführungen für Schulklassen, Einführungsprogramme für jedermann, Kinderveranstaltungen und „Musik unterm Sternenzelt" wechseln mit Vorträgen erstrangiger Fachwissenschaftler und der Darstellung bestimmter Themen aus der Welt der Sterne.

Viele Menschen betrachten eine Sternwarte auch heute noch nicht allein mit achtungsvoller Scheu, sondern auch mit dem Gefühl, die dort gepflogene Denkweise sei letztlich nur wenigen Auserwählten zugänglich, um nicht zu sagen: Sonderlingen. Davon kann bei den Volkssternwarten und Planetarien keine Rede sein. Sie wurden gerade geschaffen, um jedermann mit der Denkweise der Naturwissenschaft und mit den Ergebnissen der Erforschung des Weltalls auf möglichst einprägsame und mitunter sogar unterhaltsame Weise vertraut zu machen. Daß die Weiten des Weltalls dabei unanschaulich bleiben, ist verständlich; auch der Fachmann kann sie sich nicht vorstellen. Er rechnet mit ihnen wie der Atomphysiker mit den ebensowenig anschaulichen Größen der Mikrowelt. Die innere Beziehung zu diesen Größen ergibt sich nicht aus der Anschaulichkeit, sondern aus dem Verständnis der Vorgänge, die diese Welten beherrschen. Dazu bedarf es sowohl der Bemühung von Fachleuten als auch der konzentrierten Aufmerksamkeit des interessierten Laien.

Wer aber diese Anstrengung nicht scheut und in der reichhaltigen Literatur oder in begeisterten Mitarbeitern der Sternwarten die rechten Sachwalter seines Interesses findet, dem öffnet sich nicht nur das Universum mit seinen Planeten, Nebeln und Sonnen. Ihm öffnet sich zugleich die historische Weite der menschlichen Erkenntnis trotz aller Unvollkommenheit, die ihr anhaftet. Denn durch Mühsal und Irrtum ringt sich der Mensch in einem niemals endenden Prozeß zur Wahrheit empor.

„Es werde Licht" – Rosette von Marc Chagall im Fraumünster, Zürich

Rechts: Das Lick-Observatorium auf dem Mount Hamilton (USA), eine der berühmtesten Forschungssternwarten der Erde.

Anhang

Bibliographie

Das vorliegende Buch ist für den Anfänger geschrieben und bietet daher nur eine erste Einführung. Wer sich tiefer mit der Astronomie beschäftigen möchte, dem steht eine Fülle von Literatur zur Verfügung, in der dann weitere Hinweise auf Bücher oder Zeitschriftenartikel zu finden sind. Die nachfolgende Zusammenstellung bringt nur einen sehr gedrängten Überblick über die wichtigsten Neuerscheinungen der letzten Jahre. Vollständigkeit ist weder beabsichtigt noch möglich. Die Jahresangaben beziehen sich nicht immer auf die letzte Auflage.

Zur Einführung in die Astronomie

Der große JRO-Atlas der Astronomie, München 1987
Dunlop, Storm: Astronomie für Einsteiger, Stuttgart 1987
Ferris, Thimothy: Galaxien, Basel 1987
Herrmann, Joachim: Astronomie – eine Einführung, München 1988
Kasten, Volker: Faszinierende Astronomie, Stuttgart 1988
Lindner, Klaus: Astroführer, Leipzig 1990

Zu verschiedenen Spezialthemen

J. Kelly Beatty, Brion O'Leary und Andrew Chaikin (Hrgb.): Die Sonne und ihre Planeten, Weinheim 1983
Bühler, Rolf W.: Meteorite, Basel 1988
Dautcourt, Georg: Was sind Pulsare?, Frankfurt 1987
Ferris, Thimothy: Die rote Grenze, Basel 1986
Hahn, Hermann-Michael: Zwischen den Planeten – Kometen, Asteroiden, Meteorite, Stuttgart 1984
Harwit, Martin: Die Entdeckung des Kosmos, München 1983
Hawking, Stephen W.: Eine kurze Geschichte der Zeit, Reinbek 1988
Herrmann, Dieter B.: Kosmische Weiten. Geschichte der Entfernungsmessung im Weltall, Frankfurt/M. 1990
Herrmann, Dieter B.: Geschichte der modernen Astronomie, Köln 1988
Herrmann, Dieter B.: Entdecker des Himmels, Leipzig 1990
Kippenhahn, Rudolf: Hundert Milliarden Sonnen, München 1984
Kippenhahn, Rudolf: Licht vom Rande der Welt, Stuttgart 1984
Kippenhahn, Rudolf: Unheimliche Welten, Stuttgart 1987
Ptolemäus, Claudius: Handbuch der Astronomie. Dt. Übersetzung und erl. Anm. von K. Manitius, Vorwort von O. Neugebauer, Bd. I und II, Leipzig 1963
Reichstein, Manfred: Kometen – kosmische Vagabunden, Frankfurt/M. 1985
Rendtel, Jürgen: Sternschnuppen, Leipzig 1991
Weinberg, Steven: Die ersten drei Minuten, München 1986

Systematische Übersichtsdarstellungen

Giese, Richard-Heinrich: Einführung in die Astronomie, Darmstadt 1984
Götz, Woldemar: Die offenen Sternhaufen unserer Galaxis, Leipzig 1989
Gondolatsch, Friedrich; Groschopf, Gottfried und Zimmermann, Otto: Astronomie 1: Die Sonne und ihre Planeten, Stuttgart 1981
Gondolatsch, Friedrich; Groschopf, Gottfried und Zimmermann, Otto: Astronomie 2: Fixsterne und Sternsysteme, Stuttgart 1979
Hoffmeister, Cuno: Veränderliche Sterne, Leipzig/Berlin 1984
Karttunen, Hannu; Pekka Kröger; Heikki Oja; Markku Poutanen und Karl Johann Donner (Hrsgb.): Astronomie. Eine Einführung, Berlin, Heidelberg u. a. 1990
Voigt, Hans-Heinrich: Abriß der Astronomie, Mannheim 1988

Für Amateurastronomen

Ackèr, Agnes: Praxis der Astronomie. Ein Leitfaden für Astrofotografen, Basel, Boston, Heidelberg u. a. 1991
Ahnert, Paul: Kleine praktische Astronomie, Leipzig 1983
Beck, Rainer (Hrsgb.): Handbuch für Sonnenbeobachter, Berlin 1982
Brandt, Rudolf u. a.: Himmelsbeobachtungen mit dem Fernglas, Leipzig 1983

Roth, Günter D. (Hrsg.): Handbuch für Sternfreunde, 2 Bde. Erw. Neuauflage, Berlin 1989.

Wir lernen den Sternhimmel kennen

Beneke, Ernst-Jochen: Was sehe ich am Himmel? Stuttgart 1986
Hermann, Dieter B.: Sonne, Mond und Sterne, Stuttgart 1997
Klepesta, Josef; Rükl, Antonin: Taschenatlas der Sternbilder, Heidelberg 1977

Sternkarten

Bečvar, Antonín: Atlas Coeli 1950.o, Prag 1958
Dunlop, Storm; Tirion, Wil: Der Kosmos-Sternatlas, Stuttgart 1985
Karkoschka, Erich: Atlas für Himmelsbeobachter, Stuttgart 1988
Marx, Siegfried; Pfau, Werner: Sternatlas (1975.o), Leipzig 1983
Tirion, Wil: Sky Atlas 2000.0, Cambridge/USA 1981
Vehrenberg, Hans: Atlas Stellarium, Düsseldorf 1972
Kosmos – Drehbare Sternkarte, Stuttgart
Orion – Drehbare Sternkarte, Stuttgart 1984

Jahrbücher

Keller, Hans-Ulrich: Das Himmelsjahr, Stuttgart
Luthardt, Rainer: Sonneberger Jahrbuch für Sternfreunde

Zeitschriften

Sterne und Weltraum, Düsseldorf
Orion, Burgdorf (Schweiz)
Astronomie + Raumfahrt, Velber
Sky & Telescope, Cambridge/USA

Wichtige Anschriften

Volkssternwarten, Planetarien und astronomische Vereinigungen in Deutschland, Schweiz und Österreich (Auswahl). Ein umfangreicheres Verzeichnis enthält der jährlich erscheinende Kalender „Das Himmelsjahr“ von H.-U. Keller.

Deutschland

Augsburg
Planetarium
Im Thäle 3
86152 Augsburg

Bautzen
Sternwarte Johannes Franz
Czornebohstr. 82
02625 Bautzen

Berlin
Archenhold-Sternwarte/Kleinplanetarium
Alt Treptow 1
12435 Berlin

Zeiss-Großplanetarium
Prenzlauer Alle 80
10405 Berlin

Wilhelm-Foerster-Sternwarte
mit Planetarium
Munsterdamm 90
12169 Berlin

Bochum
Planetarium und Sternwarte
Castroper Str. 67
44791 Bochum

Bonn
Volkssternwarte Bonn e.V.
Poppelsdorfer Allee 47
53115 Bonn

Bremen
Planetarium und Sternwarte
der Olbers-Gesellschaft
Werderstr. 73
28199 Bremen

Cottbus
Raumflugplanetarium
Lindenplatz 21
03042 Cottbus

Darmstadt
Volkssternwarte e.V.
Herdweg 45
64285 Darmstadt

Eilenburg
Volks- und Schulsternwarte
Am Mansberg
04838 Eilenburg

Erkrath
Sternwarte Neanderhöhe
Hochdahl, Stellarium
Hildener Str. 17
40699 Erkrath

Essen
Verein für volkstümliche Astronomie
Weberplatz 1
45127 Essen

Walter-Hohmann-Sternwarte
Wallneyer Str. 159
45133 Essen

Halle
Raumflugplanetarium
Peißnitz
06108 Halle/S.

Hamburg
Planetarium
Hindenburgstr. Ö 1
22303 Hamburg

Jena
Planetarium
Am Planetarium 5
07743 Jena

Urania-Volkssternwarte
Schillergäßchen 2a
07745 Jena

Köln
Planetarium
Blücherstr. 17
50733 Köln

Volkssternwarte
Nikolausstr. 55
50937 Köln

Laupheim
Volkssternwarte e.V.
Carl-Lämmle-Weg 2
88471 Laupheim

Mannheim
Planetarium
W.-Varnholt-Platz
68165 Mannheim

München
Planetarium und
Bayerische Volkssternwarte
Anzinger Str. 1
81671 München

Planetarium im Deutschen Museum
Museumsinsel 1
80538 München

Zeiss-Planetarium
„Forum der Technik“
Museumsinsel 1
80538 München

Münster
Planetarium im Naturkundemuseum
Sentruper Str. 285
48161 Münster

Nordenham
Planetarium
Bahnhofstr. 52
26954 Nordenham

Nürnberg
Planetarium
Am Plärrer 41
90429 Nürnberg

Osnabrück
Planetarium im Naturwiss. Museum
Am Schölerberg 8
49082 Osnabrück

Potsdam
Astronomisches Zentrum/
Planetarium
Am Neuen Garten 6
14469 Potsdam

Radebeul
Volkssternwarte/Planetarium
Auf den Ebenbergen
01445 Radebeul

Recklinghausen
Westf. Volkssternwarte/Planetarium
Stadtgarten Cecilienhöhe
45657 Recklinghausen

Rostock
Astronomische Station
Nelkenweg
18057 Rostock

Schkeuditz
Astronomisches Zentrum
An der Bergbreite
04435 Schkeuditz

Schneeberg
Planetarium und Schulsternwarte
Heinrich-Heine-Str.
08289 Schneeberg

Schwerin
Schulsternwarte u. Planetarium
Weinbergstr. 17
19061 Schwerin

Sohland
Volks- u. Schulsternwarte
02689 Sohland

Stuttgart
Carl-Zeiss-Planetarium
Neckarstr. 47
70173 Stuttgart

Schwäbische Sternwarte
Zur Uhlandshöhe 41
70188 Stuttgart

Suhl
Volks- u. Schulsternwarte/
Planetarium
Auf dem Hoheloh
98527 Suhl

Violau
Sternwarte
Bruder-Klaus-Heim
86450 Violau

Wolfsburg
Planetarium
Uhlandweg 2
38440 Wolfsburg

Schweiz

Basel
Astronomischer Verein
Venusstr. 7
CH-4102 Binningen

Bern
Astronomisches Institut der Universität Bern; Sternwarte Muesmatt Donnerstag ab 20 Uhr,
Tel. 031/23 37 50 oder 65 85 91

Bülach ZH
Schul- und Volkssternwarte
Rotzibüch bei Eschmoser
CH-8180 Bülach

Burgdorf
Urania-Sternwarte des Gymansiums Mittwoch ab 20 Uhr (ohne Schulferien); Gruppen nach Vereinbarung
Tel. 034/22 70 35

Ependes FR
Observatoire de la Fondation, Robert A. Naef au Petit-Ependes
Ouvert au public chaque vendredi à 20 h. Groupes sur rendez-vous.
Tél. aux heures de bureau
037/22 77 10

Grenchenberg SO
Grenchner Jurasternwarte
Tel. 065/52 58 28 (Präs. E. Wolf)

Ibergeregg SZ
Astronomische Aussenstation der Astronomischen Vereinigung Zürich
Tel. 01/62 31 57 und 53 22 57

Kreuzlingen TG
Volkssternwarte Kreuzlingen-Bernrain; Mittwoch öffentlich 19-22 Uhr
Tel. 072/72 58 55; wenn keine Antwort u. für Gruppenanmeldungen
Tel. 072/75 41 67

Langenthal BE
Sekundarschule; Während der Schulzeit: Herbst bis Frühling: Dienstag ab 19.00 Uhr bzw. 20.00 Uhr. Frühling bis Herbst: nach Vereinbarung; Alfred Wenger Tel. 063/22 95 42

Lausanne
Société Vaudoise d'Astronomie
Chemin des Grandes-Roches 8
Ouvert au public chaque mardi soir,
Tel. 021/23 46 51 ou 91 25 77

Luzern
Sternwarte Sekundarschule Hubelmatt-West und Kleinplanetarium in der alten Sternwarte; Dienstag ab 20.00 Uhr (Mai bis September ab 21.00 Uhr), Tel. 041/33 28 49

Planetarium im Verkehrshaus
der Schweiz
Lidostr. 5
CH-6000 Luzern

Schaffhausen
Schul- und Volkssternwarte (Hans-Rohr-Sternwarte), Dienstag, Donnerstag, Samstag ab 20.00 Uhr,
Tel. 053/25 96 07

Schiers GR
Evangelische Mittelschule
Tel. 081/53 11 91 und 53 11 41

Schwarzenburg BE
Schulsternwarte Schwarzenburg
Tel. 031/7 31 09 88 (E. Laager)

Trogen
Kantonschule

Uitikon a. A. ZH
Stiftung Sternwarte Uitikon
Hans Baumann, Stifter der Sternwarte, Tel. 01/4 93 12 08

Vevey VD
Société d'Astronomie du Haut-Léman, Avenue E. Biéler; Visites publiques, le mardi soir par beau temps, dès 20 h, Tél. 021/51 88 22 et 52 83 08

Zürich
Urania-Sternwarte der Volkshochschule des Kantons Zürich
Uraniastraße 9
Öffentliche Vorführungen Montag bis Samstag, an klaren Abenden

Zürich-Witikon
Beobachtungsstation der astronomischen Vereinigung Zürich; Beobachtungsabende zweimal monatlich an Freitagen; Tel. 01/53 22 57 und 45 00 83

Österreich

Klagenfurt
Raumflugplanetarium
Villacher Str. 239
A-9020 Klagenfurt

Kufstein
Astro-Club/Planetarium
Schützenstr. 16
A-6332 Kufstein

Wien
Planetarium
Oswald-Thomas-Platz 1
A-1020 Wien

Urania-Sternwarte
Uraniastr. 1
A-1010 Wien

Bildnachweis

Sämtliche Graphiken: Karl-Heinz Wieland, Berlin
Archenhold-Sternwarte, Berlin, Archiv: 80, 135 o., 137. Archiv für Kunst und Geschichte, Berlin: 24 r., 25/3. Arndt, M.: 137o. Astronomischer Arbeitskreis Pforzheim: 2/3 Astro-Verlag Wolfgang Engelhard, Köln: 10l., 26, 27, 31, 87 u., 96/2, 100/2, 102 o. Bartelt, U./W.E. Celnik/P. Riepe/ D. Sporenberg/H.G. Weber: 23. Bayerische Staatsbibliothek München: 14 r. Binneweiss, S./W.E. Celnik/H.Fülling: 45, 77, 91, 127. Bogatzky, Peter: 44, 87 M., 119, 120, 124, 125u., 126. Celnik, W.E.: 9, 89, 125 o. Celnik, W.E./P.Coczet/P. Svejda/E. Schlosser/R.Schulz/K.Weißbauer: 17, 82-83. Celnik, W.E./H. Fülling/ P.Riepe/D. Sporenberg/H.G. Weber: 37. Celnik,W.E./P. Riepe/P. Svejda: 41. Celnik, W.E./D. Sporenberg/H.G. Weber: 129. Das Fotoarchiv: U4. ESO (European Southern Observatory): 102 u., 117, 118. Fürst, D.: 134. Gottschalk, Gerd: 12/2, 32-33, 47, 121, 122, 123. Herrmann, Prof. D.B., Berlin: U1 (Fernrohr), 67, 69 l., 69 r., 107, 135 r. Historia-Foto, Hamburg: 8, 12, 14 l., 15, 18, 21, 54, 57, 58 u., 69 M.o., 69 l.u., 108, 115, 130/2, 131/2. Jenoptik Carl Zeiss, Jena: 84, 85/2, 87o.l. Kirchengutsverwaltung Fraumünster, Zürich / VG Kunst Bonn: 138 l. Messerklinger, Albert, München: 24 l. Minkoff, Sammy, München: 6/7, 95, 104, 136. NASA: 93, 98, 99. Süddeutscher Verlag, Bilderdienst, München: 24 M. Südwest-Verlag, München: 55, 56, 63, 64, 65. Sugar, James, Fotoarchiv, Essen: 10 r., 11 o., 60, 77, 134, 138-139. Tony Stone/Tim Brown: U1/U4. USIS, Bonn: 11 u., 101, 105. Vehrenberg, Dr., KG, Düsseldorf: 133. Weltbild, München: 106/2,

Umrechnungstabellen

Umrechnung von Größenklassendifferenzen ($m_2 – m_1 = \Delta m$) in Intensitätsverhältnisse ($I_1 : I_2$)

Größenklassendifferenz

Zehntel	0^m	1^m	2^m	3^m	4^m	5^m
0,0	1,00	2,51	6,31	15,85	39,81	100,0
0,1	1,10	2,75	6,92	17,38	43,65	109,6
0,2	1,20	3,02	7,59	19,05	47,86	120,2
0,3	1,32	3,31	8,32	20,89	52,48	131,8
0,4	1,45	3,63	9,12	22,91	57,54	144,5
0,5	1,58	3,98	10,00	25,12	63,10	158,5
0,6	1,74	4,37	10,96	27,54	69,18	173,8
0,7	1,91	4,79	12,02	30,20	75,86	190,5
0,8	2,09	5,25	13,18	33,11	83,18	208,9
0,9	2,29	5,75	14,45	36,31	91,20	229,1
1,0	2,51	6,31	15,85	39,81	100,00	251,2

Umrechnung von Intensitätsverhältnissen ($I_1 : I_2$) in Größenklassendifferenzen ($m_2 – m_1 = \Delta m$)

$I_1 : I_2$	Δm	$I_1 : I_2$	Δm
1,0	0,00	14	2,87
1,1	0,10	16	3,01
1,2	0,20	18	3,14
1,3	0,28	20	3,25
1,4	0,36	25	3,50
1,5	0,44	30	3,69
1,6	0,51	35	3,86
1,7	0,58	40	4,01
1,8	0,64	45	4,13
1,9	0,70	50	4,25
2,0	0,75	60	4,45
2,2	0,86	70	4,61
2,4	0,95	80	4,76
2,6	1,04	90	4,89
2,8	1,12	100	5,00
3,0	1,19	200	5,75
3,5	1,36	300	6,19
4,0	1,50	400	6,50
4,5	1,63	600	6,75
5,0	1,75	600	6,95
6	1,95	800	7,26
7	2,11	1.000	7,50
8	2,26	10.000	10,00
9	2,39	100.000	12,50
10	2,50	1.000.000	15,00
12	2,70		

(Nach Paul Ahnert, Kleine praktische Astronomie, Leipzig 1974.)

Entfernungsmodul m-M und die zugehörige Entfernung

m-M	r in pc	r in Lj	m-M	r in pc	r in Lj
-5,0	1,00	3,26	15,0	10,0 kpc	32 600
4,0	1,58	5,2	16,0	15,8	52 000
3,0	2,51	8,2	17,0	25,1	82 000
2,0	3,98	13,0	18,0	39,8	130 000
1,0	6,31	20,6	19,0	63,1	206 00
0,0	10,0	33	20,0	100	326 000
+1,0	15,8	52	21,0	158	520 000
2,0	25,1	82	22,0	251	820 000
3,0	39,8	130	23,0	398	1 300 000
4,0	63,1	206	24,0	631	2 060 000
5,0	100	326	25,0	1,00 mpc	3 260 000
6,0	158	520	26,0	1,58	5 200 000
7,0	251	820	27,0	2,51	8 200 000
8,0	398	1 300	28,0	3,98	13 000 000
9,0	631	2 060	29,0	6,31	20 600 000
10,0	1,0 kpc	3260	30,0	10,0	32 600 000
11,0	1,58	5200	31,0	15,8	52 000 000
12,0	2,51	8200	32,0	25,1	82 000 000
13,0	3,98	13000	33,0	39,8	130 000 000
14,0	6,31	20600	34,0	63,1	206 000 000

(Nach Paul Ahnert, Kleine praktische Astronomie, Leipzig 1974)

Impressum

Redaktion: Ulrich Schefold, Ernst Dahlke
Grafische Gestaltung: Christine Paxmann, München
Umschlaggestaltung: Till Eiden
Umschlagfotos: W. E. Celnik, P. Koczet, W. Schlosser, R. Schulz, P. Svejda, K. Weißbauer; Einklinker links: Fotoarchiv, Essen (James Sugar); Einklinker rechts: Astrofoto, Leichlingen (Bernd Koch)
DTP/Satz: Kempf + Teutsch, München
Herstellung: Manfred Metzger

3. Auflage 1998
Westermann Druck Zwickau GmbH
ISBN 3-517-07928-6

Stichwörter- und Namensverzeichnis